C.H.BECK  WISSEN

in der Beck'schen Reihe

Die unendlichen Räume des Universums faszinieren jeden Menschen. Der Band gibt einen kompetenten Überblick über das Wissen, das die Astronomie heute vom Weltall hat. Er beschreibt den Aufbau des Universums, erzählt seine Lebensgeschichte, spart aber auch die großen offenen Fragen nicht aus, die noch der Beantwortung harren.

Prof. Dr. *Dieter B. Herrmann* war von 1976 bis 2004 Direktor der Archenhold-Sternwarte und von 1987 bis 2004 Gründungsdirektor des Zeiss-Großplanetariums Berlin. Er ist Präsident der Leibniz-Sozietät Berlin.

Dieter B. Herrmann

DAS WELTALL

Aufbau, Geschichte, Rätsel

Verlag C. H. Beck

Mit 24 Abbildungen

Originalausgabe
© Verlag C. H. Beck oHG, München 2006
Gesamtherstellung: Druckerei C. H. Beck, Nördlingen
Umschlagabbildung: Spiralgalaxie M 81, aufgenommen durch
das Spitzer Space Telescope; © NASA/JPL-Caltech
Umschlagentwurf: Uwe Göbel, München
Printed in Germany
ISBN-10: 3 406 53610 7
ISBN-13: 978 3 406 53610 6

www.beck.de

Inhalt

Anhang

Einleitung

Wenn heute vom Weltall gesprochen wird, beginnen die einen zu träumen, zu schwärmen und zu phantasieren, die anderen zu grübeln und zu rechnen. Dabei gehört beides zusammen. Tatsächlich waren es Träume und Phantasien, war es die uns Menschen eingepflanzte Neugierde, die dereinst vor Jahrtausenden die ersten Betrachtungen über das Weltall auslösten. Doch hätte man es dabei bewenden lassen, wüssten wir heute nichts über das Universum, das uns hervorgebracht hat und dessen Teil wir sind.

Der Begriff «Weltall» allerdings (synonym für Universum und Kosmos) wäre damals unzeitgemäß gewesen und wurde auch nicht verwendet. Die ersten Menschen, die zum nächtlichen Himmel emporgeblickt haben – wir kennen sie nicht –, konnten nur staunen: Über ihnen wölbte sich eine sternenübersäte riesige Schale, so weit entfernt, dass niemand nach ihr greifen konnte. Doch *wie weit?* Das wusste niemand zu sagen. Man erspähte neben dem *hier unten* ein *da oben*, ohne zu wissen, was es damit auf sich hat. Vermutungen und Spekulationen traten an die Stelle des fehlenden Wissens. Man wähnte den Sitz höherer Wesen in jenen entfernten Sphären, glaubte, in einzelnen leuchtenden Punkten gar ihre Personifizierung zu erkennen oder zumindest den Ausdruck ihres Willens. Dieser Glaube allein war Grund genug, ihr Verhalten zu studieren. So wandelte sich die Phantasie unversehens ins Beobachten, Messen und Rechnen.

Als die Menschen sich von angebauten Pflanzen zu ernähren begannen, statt nur wild wachsende Früchte zu verzehren, begann der Rhythmus des Jahres immer wichtiger zu werden. Wann sollte man säen, wann musste geerntet werden? Die Gestirne erwiesen sich auch hier als hilfreich, denn jede Jahreszeit hat «ihren» Himmel. Bestimmte Sternbilder, wieder Produkte menschlicher Phantasie, kehren nach derselben Periode an das

Firmament zurück, mit der sich die Jahreszeiten wiederholen. In der Erkenntnis solcher Zusammenhänge liegen die Wurzeln für die ersten Versuche, Zeit durch die Schaffung von Kalendern *einzuteilen*. Wie zwangsläufig diese Entwicklung gewesen ist, erkennen wir daran, dass sie bei allen alten Kulturvölkern ähnlich abgelaufen ist: bei den Chinesen wie bei den Indern, bei den Babyloniern und Ägyptern wie auch bei den Griechen oder später bei den Inkas, Azteken und Mayas.

Die technischen Hilfsmittel zur Beobachtung der Gestirne waren anfangs höchst einfach, es wurde nur gepeilt. Umso erstaunlicher erscheinen uns heute die Resultate. Die Anfänge der Astronomie kulminierten schließlich im antiken Griechenland in Gestalt eines ersten wissenschaftlichen Weltbildes. Wir nennen es *geozentrisch*, weil die Erde in seiner Mitte stand. Besser konnte man es damals noch nicht wissen – jede Zeit hat ihre eigenen Wahrheiten.

Erst anderthalb Jahrtausende später führten zunehmend genauere Beobachtungen zu Zweifeln und schließlich zum *heliozentrischen* Weltbild, in dessen Zentrum die Sonne stand. Die Erde war jetzt durch das Werk des Nikolaus Kopernikus zu einem Planeten unter anderen geworden. Die Erfindung des Fernrohrs 1609 enthüllte neue Welten vor den Augen des Menschen, und die Erkenntnis universell gültiger Gesetze in der Natur, wie das Gesetz der Massenanziehung, ließ im 17. Jahrhundert die Himmelsmechanik entstehen. Auch das ist inzwischen lange her. Seitdem ist viel geschehen. Neue Techniken, neue Theorien haben das Verständnis des Kosmos in ungeahnter Weise vorangebracht.

Dennoch: Rechnen und Beobachten allein hätten nicht genügt, um das heutige Bild vom Universum zu formen. Ob neue Technik, ob neue Theorien oder die Planung von Beobachtungen – ohne Phantasie geht es nicht. Es gibt nämlich keinen direkten Weg von den Beobachtungen zu den Theorien, wie schon Einstein festgestellt hat. Aber jedes theoretische Gedankengebäude muss sich schließlich dem Richterspruch überprüfbarer Beobachtungen unterziehen, soll es als (relative) Wahrheit gelten.

Oft fragt der Laie, wenn er von den Erkenntnissen über das Weltall hört, woher denn die Astronomen dies alles wissen wollen und wie sicher ihre Erkenntnisse überhaupt seien. Wir unterscheiden deshalb in diesem Bändchen bewusst zwischen den weitgehend gesicherten Tatsachen und haben die *großen Rätsel* am Schluss des Textes in einem separaten Kapitel behandelt. Das soll jedoch nicht darüber hinwegtäuschen, dass auch die «feststehenden Tatsachen» durchaus noch Revisionen erfahren können, die aber keine *wesentlichen* Korrekturen des Gesamtbildes mit sich bringen werden. Dass unsere Sonne die größte Masse des gesamten Planetensystems in sich vereinigt und sich die viel masseärmeren Planeten um sie bewegen, ist ein *Faktum*, das auch durch neue Erkenntnisse über Sonne und Planeten nicht mehr in Frage gestellt werden kann. Und solche Erkenntnisse gibt es viele. Deshalb können wir auch – ungeachtet ständiger Erkenntnisfortschritte, aber auch -lücken – vertrauensvoll auf eine Fülle von unbestreitbaren Tatsachen über das Weltall blicken. Sie sind durch Jahrtausende währendes Forschen zum festen Bestandteil des naturwissenschaftlichen Weltbildes geworden.

In welch eine kosmische Welt sind wir Menschen mit unserem wunderbaren Planeten Erde kosmisch eingebettet?

Was wir heute darüber wissen und was noch offen ist, sollen Sie auf den folgenden Seiten in gedrängter Form erfahren. Ich habe es als eine besondere Herausforderung betrachtet, das «ganze Weltall» in einem so knappen Text zu umreißen, und hoffe, dass ich der Aufgabe gewachsen war. Die Darstellung ist bewusst als reiner Lesetext angelegt, ohne Tabellen und – selbstverständlich – ohne Formeln. Wem es dann nach mehr dürstet, dem gelten die anschließenden Literaturempfehlungen.

Berlin, im Frühjahr 2006   *Dieter B. Herrmann*

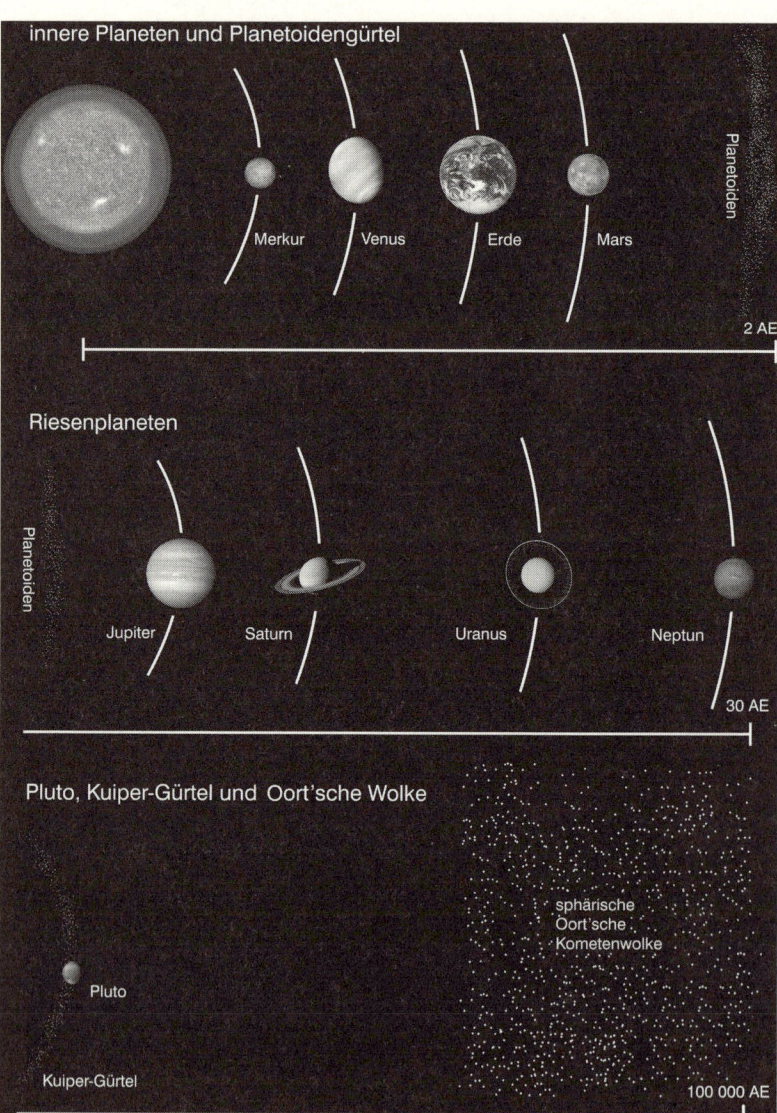

Abb. 1: Das Sonnensystem

I. Der Aufbau des Weltalls

1. Unsere engere kosmische Umgebung: das Sonnensystem

Zwar sind schon die Dimensionen des Sonnensystems für uns Menschen anschaulich nicht vorstellbar, dennoch können wir mit Recht von unserer *kosmischen Heimat* sprechen. Es handelt sich um ein System von Himmelskörpern, zu denen unsere Erde und die anderen Planeten gehören, aber auch zahlreiche Kleinkörper wie Planetoiden, Kometen, die Monde der Planeten u. a. Nur die wenigsten dieser Objekte können wir übrigens – ungeachtet ihrer vergleichsweise geringen Entfernungen – mit dem bloßen Auge sehen.

Gemessen an den Abständen zwischen den Sternen, d. h. von Sonne zu Sonne, sind die Dimensionen unseres Planetensystems klein. Während der nächste Stern schon rd. 4 Lichtjahre von uns entfernt steht (der Lichtstrahl benötigt von dort rd. 4 Jahre bis zu uns), trennen uns von dem entferntesten Planeten des Sonnensystems nur einige «Lichtstunden».

Der massereichste und größte Körper des Sonnensystems, um den sich alle anderen Objekte bewegen, ist die Sonne. Es bedarf keiner näheren Erläuterung, dass die Sonne für die Entstehung und Aufrechterhaltung des Lebens auf der Erde unentbehrlich ist.

Sonne

Die Sonne – Prototyp eines Sterns – ist ein riesiger glühender Gasball. Ihr Durchmesser von 1,39 Millionen Kilometern entspricht dem 109fachen Durchmesser unserer Erde. Ihre Masse übertrifft die unseres Heimatplaneten um das 330 000fache. Ihre mittlere Dichte liegt mit 1,4 g/cm³ nur knapp über der mittleren Dichte des Wassers. Schon dies deutet darauf hin, dass die Sonne überwiegend aus den leichtesten Elementen des Perioden-

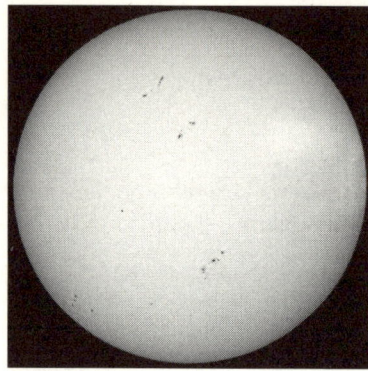

Abb. 2: Sonne mit Sonnenflecken, die im Vergleich zu ihrer Umgebung geringere Temperaturen aufweisen

systems besteht: Wasserstoff und Helium (75% bzw. 23%). Die schwereren Elemente tragen demnach nur mit rd. 2% zur Gesamtmasse der Sonne bei.

Die Sonne rotiert in rd. 25 Tagen einmal um ihre eigene Achse. Die Oberflächentemperatur der Sonne beträgt rd. 6000 K, während im tiefsten Inneren etwa 16 Millionen Grad herrschen. Die Strahlung, die uns von der Sonne erreicht, stammt aus einer vergleichsweise dünnen Schicht, die als Photosphäre bezeichnet wird und nur etwa 200 km dick ist. Alle Aussagen über den inneren Aufbau der Sonne resultieren aus physikalischen Überlegungen. Unmittelbare optische Beobachtungen tieferer Schichten sind nicht möglich.

Die Sonne strahlt unvorstellbare Energiemengen in das Universum ab, von denen die Erde nur einen winzigen Teil empfängt. Diese Energie wird tief im Inneren der Sonne in ihren zentrumsnahen Gebieten freigesetzt. Im Wesentlichen stammt die Energie aus einem Vorgang, den wir als Kernfusion bezeichnen. Die Kerne der leichten Wasserstoffatome dringen unter dem hohen Druck und den enormen Temperaturen des Sonneninneren ineinander ein und synthetisieren dadurch das schwerere Element Helium. Dabei tritt ein «Massendefekt» auf, d. h., das entstandene Helium ist etwas leichter als die an seiner Entstehung beteiligten Wasserstoffatome. Die geringe Massendifferenz wird gemäß Einsteins Formel $E = m \cdot c^2$ zu Energie, die sich allmählich aus den zentralen Gebieten des Sonneninnern nach außen «vorarbeitet» und dort abgestrahlt wird. Hierbei spielen gewöhnliche Durchmischung (Konvektion) und Strahlungstransport eine Rolle. Somit verliert die Sonne als Folge der Energiefreisetzung ständig Masse. Der absolute Betrag dieses Verlustes erscheint besorgniserregend: Er beträgt nämlich etwa 4,5 Millionen Tonnen je Sekunde! Gemessen an der Gesamtmasse der Sonne ist er jedoch vernachlässigbar gering. Die Sonne büßt auf diese Weise erst in 10 Milliarden Jahren 0,1% ihrer Gesamtmasse ein. Dennoch ist ihre Lebensdauer begrenzt. Schon lange vor der Umsetzung des gesamten Wasserstoffvorrates wird die Sonne verlöschen – nach insgesamt etwa 10 Milliarden Jahren. Davon ist etwa die Hälfte bereits vergangen, denn die Sonne ist 5 Milliarden Jahre alt. Nach etwa nochmals weiteren 5 Milliarden Jahren wird sie sich zu einem Riesenstern aufblähen, dessen Durchmesser bis über die Bahn des Planeten Mars hinausreicht. Wahrscheinlich existieren dann ohnehin keine Menschen mehr auf unserem Planeten. Andernfalls würde die Menschheit den Feuertod sterben, wenn es ihr nicht gelänge, vorher in einem gigantischen technischen Projekt eine kosmische «Umsiedlung» zu bewerkstelligen. Doch es ist müßig, über solche Fragen zu spekulieren – zu fern liegt die Zeit, in der sie eine Rolle spielen würden.

Die Sonne ist wegen ihrer Nähe – uns trennen im Mittel 150 Millionen Kilometer von ihr – der einzige Stern, der am Himmel flächenhaft erscheint. Ihr Winkeldurchmesser beträgt rd. 0,5 Grad (30 Bogenminuten). Deshalb vermag man auch mit einfachen optischen Hilfsmitteln bereits einige interessante Phänomene ihrer äußeren Schichten wahrzunehmen. Allerdings darf man die Sonne weder mit dem bloßen Auge noch durch ein Fernrohr oder Fernglas (Feldstecher) ungeschützt beobachten. In jedem Fall sind Schutzfilter (Spezialbrillen oder -folien) anzuwenden, die bei Verwendung eines Fernrohrs vor dem Objektiv angebracht werden.

Die auffälligsten Phänomene bei solchen Beobachtungen stellen die Sonnenflecken dar, oftmals interessant strukturierte kleinere dunklere Gebiete, die im Vergleich zu ihrer Umgebung geringere Temperaturen aufweisen. Die Zahl solcher Flecken schwankt mit einer Periode von rd. 11 Jahren. Es handelt sich um magnetische Wirbelgebiete der oberflächennahen Schichten. Der größte jemals beobachtete Sonnenfleck hatte den 18fachen Erddurchmesser und war deshalb mühelos mit dem bloßen Auge zu erkennen.

Planeten

Um unsere Sonne bewegen sich neun mehr oder weniger große Planeten, die annähernd in derselben Ebene, der Ekliptik, umlaufen. Die Bahnen der Planeten sind elliptisch, weichen aber nur vergleichsweise wenig von der Kreisform ab. Die Abstände werden deshalb als «mittlere» Distanzen angegeben. Den sonnenfernsten Punkt einer Planetenbahn bezeichnen wir als Aphel, den sonnennächsten als Perihel. Die Differenz zwischen Aphel und Perihel ist ein Maß für die Elliptizität der jeweiligen Bahn. Wir wollen jedem dieser Planeten ein Kurzporträt widmen und stellen sie in der Reihenfolge ihres Abstandes von der Sonne vor. Auch unsere Erde, der Planet, über den wir mit großem Abstand am meisten wissen, wird hier nur kurz charakterisiert. Mit Ausnahme von Merkur und Venus verfügen alle anderen Planeten über Monde. Diese werden später gesondert behandelt (siehe S. 28 ff.).

Merkur Der sonnennächste aller Planeten ist auch einer der kleinsten. Sein Äquatordurchmesser beträgt nur 4878 Kilometer. Der mittlere Abstand von der Sonne beträgt 58 Millionen Kilometer, d.h. 0,39 des mittleren Abstandes der Erde von der Sonne, der so genannten Astronomischen Einheit (AE). Die Masse des Merkur beträgt nur knapp 6 % der Erdmasse.

Ein Umlauf des Planeten um die Sonne, d.h. ein Merkurjahr, dauert rd. 88 Tage. Die Rotation des Planeten um seine eigene Achse, d.h. ein Merkurtag, währt nur wenig kürzer, nämlich 58,6 Tage.

Der Planet verfügt praktisch über keine Atmosphäre. Seine Oberfläche ist vom Bombardement größerer und kleiner Meteorite geprägt, so dass er auf den ersten Blick dem Mond unserer Erde ähnelt. Der geringe Sonnenabstand und das Feh-

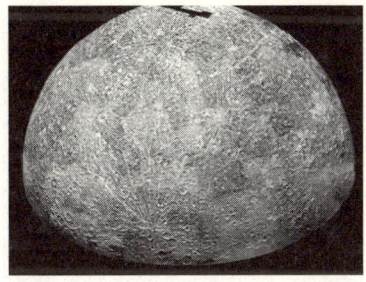

Abb. 3: Merkur: Am Computer erstelltes Fotomosaik der südlichen Hemisphäre

len einer Atmosphäre führen auf der Tagseite des Planeten zu Temperaturen von bis zu +430°C, auf der Nachtseite hingegen von bis zu −150°C. Die hohe mittlere Dichte des Merkur von 5,43 g/cm³ lässt auf einen ausgedehnten Eisen-Nickel-Kern des Planeten schließen.

Merkur kann nur unter Schwierigkeiten mit dem bloßen Auge beobachtet werden, da er sich – von der Erde aus gesehen – maximal bis zu 28° östlich oder westlich von der Sonne entfernen kann. Er taucht dann als Abend- bzw. Morgenstern auf, d. h. nach dem Untergang bzw. vor dem Aufgang der Sonne.

Venus Die Venus ist der innere Nachbarplanet der Erde und mit seinem Äquatordurchmesser von 12 102 Kilometer fast so groß wie unser Heimatplanet. Ihr mittlerer Sonnenabstand beträgt 108 Millionen Kilometer (0,7 AE). Die Masse der Venus liegt bei 0,8 Erdmassen. Ihr Umlauf um die Sonne dauert 225 Tage (Venusjahr), die Rotation um die eigene Achse (Venustag) hingegen 243 Tage! Dabei bewegt sich die Venus als einziger aller Planeten retrograd, d. h., die Rotation um ihre Achse erfolgt entgegen ihrer Bewegungsrichtung auf der Bahn um die Sonne. Die mittlere Dichte der Venus liegt bei 5,25 g/cm³. Der dichte Eisen-Nickel-Kern im Zentrum des Planeten dürfte etwa 6000 km Durchmesser aufweisen.

Die Venus verfügt über eine ausgedehnte dichte Atmosphäre, die zu 95% aus Kohlendioxid besteht. Die rd. 100 km dicke Hülle verhindert jeden optischen Blick auf die Oberfläche des Planeten.

Abb. 4: Venus: Kartographie der Oberfläche auf Grund von Aufnahmen durch die Magellan-Sonde

Die Venusatmosphäre bewirkt zudem einen ausgeprägten «Treibhauseffekt», durch den sich die Oberfläche des Planeten auf rd. 500°C aufheizt. Jahres- oder tageszeitliche Temperaturschwankungen gibt es kaum. 98% des Sonnenlichts werden von der Atmosphäre absorbiert. An der Oberfläche herrscht deshalb ein ständiger Dämmerzustand. Der atmosphärische Druck entspricht dem 90fachen des irdischen Luftdrucks.

Dank des Einsatzes der Raumfahrt bei der Erforschung der Venus wissen wir heute dennoch weitaus mehr über den Planeten, als wir mit den erdgebundenen Hilfsmitteln der Astronomie jemals erfahren hätten. So existiert z. B., insbesondere dank der US-amerikanischen Magellan-Sonde (1990), eine vollständige Kartographie ihrer Oberfläche. Diese ist durch zwei gewaltige Hochländer von den Dimensionen Afrikas bzw. Australiens sowie durch zahlreiche Einsturzkrater geprägt. Krater mit Durchmessern unter 3 Kilometern fehlen allerdings, weil die kleineren Meteorite offenbar keine Chance hatten, die Oberfläche des Planeten zu erreichen. Eine große Rolle spielte auch der Vulkanismus: 100000 kleine vulkanische Schilde und zahlreiche Lavaflüsse von bis zu 800 km Länge sind gefunden worden.

Die Venus ist nach Sonne und Mond das hellste Gestirn des Himmels. Sie kann sich – von der Erde aus gesehen – bis zu 46° östlich und westlich von der Sonne entfernen und strahlt dann als gleißend heller Abend- oder Morgenstern. Schon in kleinen

Fernrohren kann man dabei die wechselnden Phasen- oder Lichtgestalten des Planeten erkennen, wie wir sie auch von unserem Erdmond kennen.

Erde Die Erde hat einen Äquatordurchmesser von 12756 Kilometer und bewegt sich in einem mittleren Abstand von 149,598 Millionen Kilometern (= 1 AE) um die Sonne. Die Differenz zwischen Perihel (Anfang Januar) und Aphel (Anfang Juli) ihrer Bahn beträgt rd. 5 Millionen Kilometer.

Die Masse der Erde beträgt $5{,}97 \times 10^{27}$ Gramm, ihre mittlere Dichte $5{,}97$ g/cm^3. Auch die Erde verfügt über einen Eisen-Nickel-Kern, der in seinem äußeren Bereich geschmolzen und innen fest ist und eine Dicke von 3500 km aufweist. Darüber breitet sich ein 2800 km dicker Silikatmantel aus, der schließlich nach außen von einer bis zu 40 km dicken Kruste abgeschlossen wird. Diese unter den Kontinenten liegende Kruste besteht aus sechs großen und mehreren kleinen Platten, deren Verschiebung für Erdbeben und Vulkanismus an den Plattengrenzen sorgt.

Etwa 70% der Erdoberfläche sind von Wasser bedeckt, nur 30% von den Landmassen, weshalb die Erde aus dem Weltall auch als «Blauer Planet» erscheint. Die heutige Atmosphäre der Erde besteht zu 78% aus Stickstoff und zu 21% aus Sauerstoff.

Die Dauer eines Umlaufes der Erde um die Sonne bezeichnen wir als ein Jahr. In der Zeit eines Umlaufes um die Sonne rotiert

Abb. 5: Die Erde, aufgenommen von Apollo 17 im Dezember 1972

die Erde rd. 365,25-mal um ihre eigene Achse, d.h., ein Jahr hat rd. 365¼ Tage. Genau sind es 365,242199, weshalb unser gregorianischer Kalender spezielle Schaltregeln enthält, die aber dennoch nicht verhindern, dass sich im Laufe längerer Zeiträume Abweichungen zwischen Kalenderdaten und Himmelsanblick ergeben.

Die Erde ist der einzige Planet des Sonnensystems, auf dem sich im Laufe von Jahrmilliarden Leben entwickelt hat.

Mars Mars ist der äußere Nachbarplanet der Erde und bewegt sich in einem mittleren Abstand von 1,52 Astronomischen Einheiten um das Zentralgestirn. Ein Marsjahr dauert 687 Erdentage, ein Marstag 24 Stunden, 37 Minuten, 22,6 Sekunden. Die Bahn des Mars weicht besonders stark von der Kreisform ab, so dass er sich der Sonne bis auf 1,38 AE annähern, sich aber auch bis auf 1,67 AE von ihr entfernen kann. Der Äquatordurchmesser des Planeten beträgt 6794 Kilometer, seine Masse mit 0,107 Erdmassen nur rd. 1/10 der unseres Heimatplaneten. Die mittlere Dichte des Mars liegt bei 3,93 g/cm³.

Mars ist ein trockener kalter Wüstenplanet, der infolge der Neigung seiner Rotationsachse von 23°59' ausgeprägte jahreszeitliche Erscheinungen hervorbringt. Einige dieser Phänomene lassen sich schon von der Erde aus beobachten, so das Abschmelzen der aus Wassereis und Kohlensäureschnee bestehenden Pol-

Abb. 6: Ein Staubsturm auf dem Mars, aufgenommen mit dem Hubble Space Telescope am 28. Okotober 2005

kappen im Marssommer. Mars verfügt über eine (sehr dünne) Atmosphäre, die zu 95% aus Kohlendioxid, zu 3% aus Stickstoff und etwa 2% aus Argon besteht. Der atmosphärische Druck an der Planetenoberfläche beträgt nur 1/100 des irdischen Wertes. Auffallend ist die rote Farbe des Planeten, die von weit verbreitetem Eisenoxid (Rost) an seiner Oberfläche herrührt.

Zahlreiche Raumfahrtunternehmen zum «Roten Planeten» haben uns ein detailliertes Bild seiner Topographie geliefert. Die Oberfläche ist von zahlreichen Einschlagkratern gekennzeichnet, die jedoch starke Verwitterungserscheinungen zeigen. Andere neuerdings entdeckte Phänomene wie ausgetrocknete Flussbetten deuten auf das frühere Vorkommen großer Wassermassen auf dem Planeten, vielleicht sogar eines Ozeans hin.

Ein im gesamten Sonnensystem einmaliges Gebilde ist der Vulkan Olympus Mons mit 600 Kilometer Basisdurchmesser und einer Höhe von 26 000 Metern. Nach wie vor offen ist die Frage nach früheren oder sogar heutigen primitivsten Lebensformen auf dem Mars.

Der Mars kann von der Erde aus gut beobachtet werden, besonders wenn er sich der Sonne am Himmel gegenüber befindet (Marsopposition). In günstigen Fällen beträgt der Abstand zwischen Erde und Mars dann nur noch 55,8 Millionen km. Solche besonderen Annäherungen stehen allerdings in den nächsten Jahren nicht bevor.

Jupiter Jupiter ist der größte und massereichste Planet unseres Sonnensystems. Sein Äquatordurchmesser beträgt 143 000 Kilometer, seine Masse das 318fache der Erdmasse. Die mittlere Dichte des Planeten hingegen liegt – anders als die aller bisher besprochenen – bei nur 1,33 g/cm³, also nur unwesentlich über der Dichte des Wassers.

Jupiter bewegt sich in einem mittleren Abstand von 5,2 Astronomischen Einheiten um die Sonne und benötigt für einen Umlauf 11,86 Jahre. Die sehr rasche Eigenrotation – ein Jupitertag dauert nur rd. 10 Stunden – hat zu einer starken Abplattung des Planeten geführt, die sich schon durch kleine Fernrohre erkennen lässt.

Abb. 7: Jupiter mit dem Schatten-
wurf von drei seiner Monde

Die geringe Dichte des Jupiter weist auf eine völlig andersartige Zusammensetzung hin als bei Merkur, Venus, Erde und Mars: Jupiter ist ein Gasplanet ohne feste Oberfläche. Die gewaltige Jupiteratmosphäre aus Wasserstoff und Helium mit Beimengungen von Methan und Ammoniak ist etwa 1000 km dick. Sie bestimmt den Anblick des Planeten. Darunter liegt eine ausgedehnte Schicht aus flüssigem Wasserstoff und Helium, die unter dem zunehmenden Druck in «metallischen» Wasserstoff übergeht. Ein vergleichsweise winziger heißer Gesteinskern bildet das Zentrum des Planeten.

Schon von der Erde aus erkennen wir selbst mit Hilfe kleiner Teleskope ein System äquatorparalleler dunkler und heller Streifen und Bänder sowie den Großen Roten Fleck. Das ist eine ortsfeste Turbulenz von rd. 40000 km Längsausdehnung. Einzelheiten der komplizierten Strömungsverhältnisse in der Atmosphäre des Riesenplaneten haben uns die Sonden geliefert, die den Jupiter aus großer Nähe untersuchten. Vor allem die Vorbeiflüge der beiden US-amerikanischen Sonden Voyager 1 und 2 (1979) lieferten zahlreiche neue Erkenntnisse und die überraschende Entdeckung eines Ringsystems um den Planeten. Auch die großen Monde, 1610 von Galilei entdeckt, konnten nun in allen Einzelheiten studiert werden. Zugleich vergrößerte sich die Zahl der bekannten Monde durch diese Forschungssonden sprunghaft (siehe S. 30).

Saturn Saturn ist der zweitgrößte Planet des Sonnensystems und gilt als Ringplanet schlechthin, weil man sein ausgeprägtes Ringsystem bereits von der Erde aus schon mit kleineren Teleskopen beobachten kann. Der Äquatordurchmesser des Saturn beträgt 120 000 km, seine Masse entspricht dem 95 fachen der Erdmasse. Die mittlere Dichte liegt mit 0,69 g/cm³ noch unter der des Jupiter. Saturn umrundet die Sonne in einer mittleren Entfernung von 9,5 Astronomischen Einheiten und benötigt für einen vollen Umlauf 29,46 Jahre. Auch Saturn rotiert sehr rasch um seine Achse – ein Tag dauert nur 10,7 Stunden. Eine besonders starke Abplattung ist die Folge: Der Unterschied zwischen seinem Äquator- und seinem Poldurchmesser beträgt 13 000 km!

Die atmosphärischen Erscheinungen bei Saturn ähneln ebenso wie die Zusammensetzung seiner äußeren Gashülle in vieler Hinsicht denen des Jupiter. Auch der innere Aufbau entspricht weitgehend dem seines riesigen planetaren Nachbarn.

Einzigartig ist das System der Ringe des Saturn. Schon von der Erde aus wurden verschiedene Teile des Systems entdeckt, die durch Lücken voneinander getrennt zu sein scheinen (Erstentdeckung durch Huygens 1659). Die Voyager-Sonden fanden bei ihren Vorbeiflügen 1980 und 1981 überraschend viele Details innerhalb des Ringsystems sowie neue Ringe und Monde des Planeten. Auch zeigte sich, dass die Lücken zwischen den verschiedenen Teilen der Ringe nicht völlig teilchenleer sind.

Abb. 8: Saturn

Die Ringe bestehen aus einzelnen Partikeln unterschiedlichster Größe von Staubpartikeln bis zu metergroßen Brocken. Der innerste Ring schwebt in nur 7000 km Höhe über dem Saturnäquator, der äußere Rand des letzten Ringes endet in 500 000 km Distanz vom Saturnmittelpunkt.

Durch die Neigung der Ringebene gegen die Bahnebene des Saturn können wir die Ringe von der Erde aus (mit Teleskopen) während eines Saturnumlaufes unter verschiedenen Blickwinkeln betrachten. Am eindrucksvollsten zeigen sie sich, wenn der Winkel zwischen der Verbindungslinie Erde–Saturn und der Ringebene am größten ist. Zweimal in dreißig Jahren blicken wir genau auf die Kante des Systems (nächste Kantenstellung: 2009).

Uranus Uranus zählt mit seinem Äquatordurchmesser von 51 000 Kilometern ebenfalls zu den Riesenplaneten. Er bewegt sich in einem mittleren Abstand von 19,3 Astronomischen Einheiten in 84 Jahren einmal um die Sonne. Ein Uranus-Tag währt 17 Stunden. Seine Masse entspricht dem 14,5fachen der Erdmasse, und seine mittlere Dichte liegt bei 1,27 g/cm³. Uranus ist

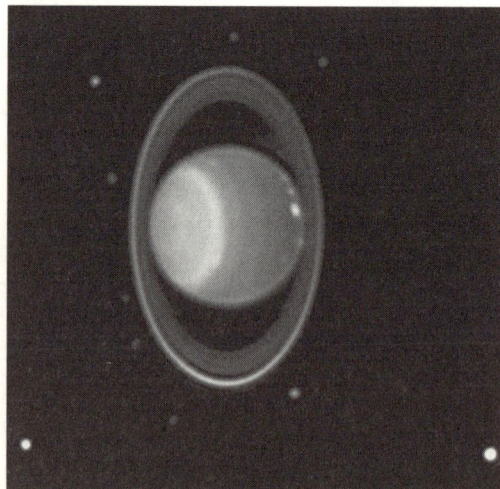

Abb. 9: Uranus, umgeben von seinen vier größeren Ringen und mit zehn seiner uns bekannten Monde

der erste Planet, der in der Neuzeit entdeckt wurde (13. März 1781; F. W. Herschel) und nicht schon in der Antike bekannt war. Der Grund: Uranus kann nicht mit dem bloßen Auge gesehen werden.

Verglichen mit Jupiter und Saturn wirkt das Erscheinungsbild seiner Atmosphäre viel eintöniger, obschon die Atmosphäre ebenfalls hauptsächlich aus Wasserstoff (97%) und Helium besteht. Nach innen schließt sich ein dichter Mantel aus festem und gasförmigem Wasser an, der schließlich in einen Kern aus geschmolzenem Gestein und Wasser übergeht.

Auch Uranus verfügt über ein Ringsystem, dessen Details nebst zusätzlicher Entdeckungen ebenfalls durch die Voyager-Sonde erforscht wurden. Das Ringsystem beginnt 12 000 km über dem Äquator des Planeten und endet bei rd. 51 000 km. Die Ringe bestehen hauptsächlich aus Zentimeter großen Eisbrocken.

Neptun   Neptun weist einen Äquatordurchmesser von 49 600 Kilometern und die 17fache Masse der Erde auf. Seine mittlere Dichte liegt bei 1,6 g/cm³. Er umrundet die Sonne in einer mittleren Distanz von 30 Astronomischen Einheiten und benötigt für einen Umlauf 164,8 Jahre. Die mit dem Abstand von der Sonne stark zunehmenden Umlaufzeiten der Planeten sind nicht allein eine Folge der immer größeren Bahnumfänge. Auch die Bewegungsgeschwindigkeiten der Planeten auf ihrer Bahn nehmen stark ab. Während die Geschwindigkeit der Erde auf ihrer Bahn 30 km/s beträgt, bewegt sich Neptun nur noch mit 5 km/s. Die Rotation des Planeten um seine eigene Achse beansprucht 0,7 Erdentage. Der innere Aufbau des Neptun unterscheidet sich nicht grundsätzlich von dem der anderen Riesenplaneten: Einer ausgedehnten Atmosphäre aus Wasserstoff, Helium und Methan folgt ein etwa 10 000 km dicker Mantel aus Wasser, Methan und Ammoniak in flüssigem oder festem Aggregatzustand. Ganz innen befindet sich ein gesteinsartiger Kern.

Die eintönige Atmosphäre des Planeten hat dank Voyager 2 (Vorbeiflug 1989) einige helle und dunkle Wolken erkennen lassen. Aufsehen erregte ein Großer Dunkler Fleck von 12 000 km

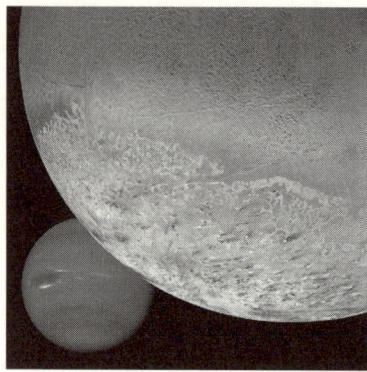

Abb. 10: Neptun, mit Triton, dem größten Mond Neptuns (Fotomontage)

Längsausdehnung, den man zunächst als «Gegenstück» zu Jupiters Großem Roten Fleck ansah. Doch im Unterschied zu Letzterem, der bereits seit Jahrhunderten beobachtet wird, verschwand der Große Fleck auf Neptun bald wieder, und andere Gebilde tauchten auf.

Neptun verfügt über ein Ringsystem, das allerdings viel unscheinbarer ist als die entsprechenden Ringe bei Jupiter, Saturn und Uranus.

Besonders interessant ist die Entdeckungsgeschichte des Neptun: Der Planet wurde 1846 in Berlin gefunden, nachdem der französische Astronom Leverrier seine Existenz und seinen Ort am Himmel zuvor am Schreibtisch errechnet hatte. Grundlage der Berechnungen waren die Abweichungen, die der Planet Uranus bei seiner Bahnbewegung erkennen ließ und die Leverrier mit Erfolg auf die Störungen durch eine noch unbekannte planetare Masse zurückführte.

Pluto Pluto ist der kleinste und masseärmste aller Planeten. Sein Äquatordurchmesser beträgt nur 2300 km, seine Masse nur ein Zweitausendstel der Erdmasse! Die mittlere Dichte des Planeten ergibt sich zu 2,3 g/cm³. Er bewegt sich in 39,4 Astronomischen Einheiten um die Sonne und benötigt für einen Umlauf fast 248 Jahre. Seine Bahn ist stark exzentrisch, so dass seine Distanz von der Sonne zwischen 4,4 Milliarden km und

Abb. 11: Pluto mit Charon, dem größten seiner drei Trabanten,
gesehen durch das Hubble-Teleskop

7,4 Milliarden km schwankt. Ein Teil seiner Bahn liegt sogar innerhalb der Bahn des Neptun.

Während die anderen Planeten sich alle annähernd in derselben Ebene um die Sonne bewegen, beträgt die Neigung der Plutobahn gegen diese Ebene 17°! Der Winzling passt also in vieler Hinsicht nicht ins Gesamtbild der jupiterartigen Planeten, und deshalb wird auch zu Recht die Frage gestellt, ob wir es hier nicht mit dem Vertreter einer anderen Gruppe von Objekten des Sonnensystems zu tun haben (siehe S. 27).

Über die Beschaffenheit von Pluto wissen wir wenig. Er ist als einziger Planet bisher noch nicht durch eine Raumsonde erforscht worden. Vermutlich ist er von einer Eisschicht aus Methan und Ammoniak bedeckt. Möglicherweise verfügt er auch über eine dünne Atmosphäre.

Kleine Planeten
(Planetoiden, Asteroiden)

Schon im 17. Jahrhundert war den Astronomen aufgefallen, dass zwischen den Abständen der beiden Planeten Mars und Jupiter eine ungewöhnlich große Lücke klafft. Man suchte nach einem noch verborgenen Himmelskörper und fand – Tausende.

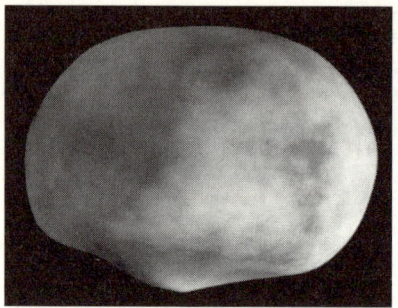

Abb. 12: Computermodell
des Asteroiden Vesta

Allerdings nicht gleichzeitig. Zunächst wurde 1801 ein Körper entdeckt, von dem sich später zeigte, dass er 940 km Durchmesser aufwies (Ceres). 1802 gelang die nächste Entdeckung (Pallas). Es folgten Juno und Vesta (1804 bzw. 1807) – alles Körper mit Hunderten Kilometer Abmessung. Das Verblüffendste war, dass sie alle sehr ähnliche Bahnen aufwiesen. Man glaubte an Bruchstücke eines ehemals größeren Körpers. Die Entdeckungen rissen nicht ab, bis man schließlich zum Ende des 19. Jahrhunderts 300 dieser Körper kannte, die sich sämtlich zwischen den Bahnen der großen Planeten Mars und Jupiter bewegten.

Mit Hilfe der Fotografie stieg die Zahl der Entdeckungen kleiner Objekte des so genannten Asteroidengürtels noch sprunghaft an. Gegenwärtig sind weit über 100 000 Kleine Planeten bekannt; allerdings können nur für einen Teil davon auch gesicherte Bahndaten angegeben werden.

Zahlreichen Raumsonden (Galileo, NEAR, Deep Space), die in unmittelbarer Nähe an Asteroiden vorbeiflogen oder sogar auf ihnen landeten, verdanken wir inzwischen schon recht detaillierte Kenntnisse über diese Spezies. Sie sind meist unregelmäßig geformt, weisen zahlreiche kleinere und größere Einschlagkrater auf und unterscheiden sich offensichtlich hinsichtlich ihrer Zusammensetzung. Eine erste grobe Einteilung geht von drei «Klassen» aus: 75% sind dunkel, reflektieren deshalb wenig Sonnenlicht, 17% reflektieren wie metallreiches Silikatgestein, und ein geringer Teil verhält sich wie Eisen Nickel-Legierungen.

Wenn auch die weitaus meisten Kleinen Planeten zwischen Mars und Jupiter umlaufen, so sind doch in den letzten Jahrzehnten zahlreiche Körper gefunden worden, deren Bahnen sich nicht auf die Lücke zwischen Jupiter und Mars beschränken. Deshalb werden die Kleinplaneten auch nach ihrer Verteilung im Sonnensystem klassifiziert.

So bewegen sich z. B. die Objekte der Apollo-Gruppe bis weit in das Innere der Venusbahn hinein. Damit zählen sie zu den «Erdbahnkreuzern», die unserem Planeten Erde durchaus gefährlich werden können, sollte es einmal zu einer Kollision kommen. Auch andere solcher Erdbahnkreuzer sind bekannt. So hatte sich z. B. ein Kleiner Planet der Aten-Gruppe unserem Planeten 1991 bis auf 180 000 km angenähert, kam uns also näher als der nächste aller Himmelskörper, unser Mond. Sein Durchmesser betrug allerdings nur acht Meter.

Grundsätzlich sind Zusammenstöße mit kosmischen Kleinkörpern nicht auszuschließen. Zahlreiche Meteoritenkrater auf Merkur, Mond, Mars, auf allen Kleinkörpern, aber auch auf der (durch ihre Atmosphäre geschützten) Erde sind Zeugnisse solcher Impakte in der Vergangenheit. Vor 65 Millionen Jahren soll bekanntlich ein großer Teil allen irdischen Lebens durch den Aufprall eines solchen «kosmischen Geschosses» vernichtet worden sein. Da niemand vorherzusagen vermag, wann uns ein vergleichbares Ereignis eventuell wieder bevorstehen könnte, sucht man jetzt systematisch nach Erdbahnkreuzern. Auch beschäftigt man sich intensiv mit der Frage, wie eine Kollision abgewendet werden könnte, wenn das «Geschoss» rechtzeitig genug entdeckt wird.

Ein weiterer Gürtel von Kleinkörpern, der so genannte Kuiper-Gürtel, existiert in den äußeren Bereichen unseres Sonnensystems. Es könnte sein, dass der Planet Pluto nichts anderes ist als ein besonders großer Vertreter dieser Gruppe von Kleinkörpern. Inzwischen sind nämlich sogar einige Mitglieder des Kuiper-Gürtels gefunden worden, die größer sind als Pluto.

Monde der Planeten

Die Planeten des Sonnensystems (mit Ausnahme von Merkur und Venus) bilden selbst die Zentralkörper für kleinere Objekte, die sich um sie bewegen und die wir als ihre Satelliten oder Monde bezeichnen. Die Zahl und Beschaffenheit der Monde der verschiedenen Planeten ist sehr unterschiedlich. Lediglich die Erde besitzt einen einzigen Mond, bei allen anderen Planeten ist die Zahl der Monde größer, Rekordhalter ist derzeit Jupiter mit 63 Monden!

Die wichtigsten Satelliten der Planeten werden jetzt in der Reihenfolge der Planeten vorgestellt, wobei wir dem Erdmond besondere Aufmerksamkeit widmen wollen, stellt er doch neben der Sonne das einzige Objekt dar, das uns als Himmelskörper flächenhaft erscheint und schon mit bloßem Auge Details seiner Oberfläche erkennen lässt.

Der Mond der Erde   Unser Mond hat einen Durchmesser von 3476 Kilometern und bewegt sich in einer mittleren Entfernung von 384 400 km um die Erde. Für einen Umlauf benötigt er 27,3 Tage. Von einer Mondphase zur nächsten gleichen Mondphase vergehen 29,5 Tage (synodische Umlaufzeit). Die Rotation des Mondes um seine Achse dauert ebenso lange wie sein Umlauf um die Erde (gebundene Rotation), weshalb wir stets nur eine Seite des Mondes sehen können. Die Masse des Mondes beträgt etwa 1/81 der Erdmasse, seine mittlere Dichte 3,35 g/cm³.

Der innere Aufbau des Mondes wurde durch seismische Messungen im Zusammenhang mit der US-amerikanischen Apollo-Mission in den Jahren 1969 bis 1972 erforscht. Demnach folgt der äußeren Mondkruste (etwa 70 km) ein dicker schalenförmiger Mantel. Nur etwa 800 km misst ein dann folgender flüssiger eisenhaltiger Kern des Erdbegleiters.

Schon von der Erde aus erkennen wir ohne Teleskop hellere und dunklere Gebiete auf seiner Oberfläche; Letztere stellen große Tiefebenen dar, die im Zusammenhang mit früherem Vulkanismus entstanden sind. Im Fernrohr zeigt sich eine Fülle unterschiedlichster Strukturen: ausgedehnte Gebirgszüge, die bis

Abb. 13: Der Mond

zu 10000 m über den Mondboden emporragen, zahlreiche große und kleine Krater, die hauptsächlich durch Meteoriteneinschläge entstanden sind. Begünstigt wurde die Entstehung dieser Impaktkrater aller Dimensionen durch das Fehlen einer schützenden Atmosphäre. So konnten auch kleinste Teilchen das Gesicht des Mondes prägen und Hunderttausende winzigster Krater erzeugen.

Das auffälligste Phänomen des Mondes sind seine Phasen. Sie entstehen dadurch, dass zwar stets die Hälfte des Mondes von der Sonne beleuchtet wird, wir jedoch den Mond von der Erde aus unter verschiedenen Blickwinkeln betrachten. Das Wechselspiel der Mondphasen machte ihn schon in frühesten Zeiten zum «Kalendergestirn». Die frühesten Kalender der alten Kulturvölker waren ausnahmslos Mondkalender. Der Begriff «Monat» deutet noch heute darauf hin.

Die Monde des Mars   Mars verfügt über zwei Monde, die Phobos und Deimos heißen (deutsch: Furcht und Schrecken, passend zum «Kriegsgott» Mars). Beide Monde sind unregelmäßig geformt («Kartoffelmonde») und sehr klein: Phobos misst 27 × 21 × 19 km, Deimos 15 × 12 × 11 km. Phobos bewegt sich in 7 Stunden, 40 Minuten von West nach Ost um den Planeten. Deimos benötigt für einen Umlauf 30 Stunden 18 Minuten und läuft von Ost nach West.

Beide Monde sind von einer Staubschicht bedeckt und weisen zahlreiche Einschlagkrater auf. Die ungewöhnliche Form dieser beiden Satelliten deutet darauf hin, dass es sich um eingefangene Objekte aus dem Asteroidengürtel handeln könnte.

Die Monde des Jupiter Jupiter wird von insgesamt 63 Monden umrundet (Stand: Frühjahr 2006). Die meisten davon sind allerdings so winzig, dass sie auch mit Teleskopen von der Erde aus nicht gesehen werden können.

Die größten Monde des Jupiter (Io, Europa, Ganymed und Kallisto) wurden 1610 von Galileo Galilei entdeckt, was damals eine erregte weltanschauliche Debatte auslöste; nach dem von der Kirche geheiligten Weltbild des Aristoteles konnte nur die Erde das Zentrum für die Bewegung von Himmelskörpern sein! Io ist der innerste der vier großen Jupitersatelliten und umrundet den Planeten in 1,7 Tagen. Seine mittlere Entfernung vom Jupiter beträgt 421 600 km. Io ist der vulkanisch aktivste Körper des Sonnensystems. Seine farbenprächtige Oberfläche, die ganz in Gelb, Orange und dunkles Braun getaucht ist, wandelt rasch ihren Anblick. Dafür sorgen mehr als 100 vulkanisch aktive Regionen, aus denen Schwefel und Schwefelsublimate an die Oberfläche gelangen. Lavaströme, Lavaseen, aufsteigende Schwefeldampfwolken und riesige Vulkankrater prägen das Antlitz dieses Trabanten. Auslöser des Vulkanismus ist die gewaltige Masse des Jupiter selbst, aber auch die von dem äußeren Nachbarmond Europa ausgehenden Gezeitenkräfte. Der Mond besteht aus einem Eisen- und Eisensulfidkern von etwa 1800 km Durchmesser, der von einer teilweise geschmolzenen Gesteinshülle umgeben wird. Die obere Kruste ist nur dünn und äußerst brüchig.

Europa misst 3130 km und umrundet den Jupiter in einer mittleren Distanz von rd. 670 000 km in 3,55 Tagen. Die Oberfläche dieses Trabanten ist von einer dicken Eiskruste bedeckt. Deshalb strahlt Europa auch besonders hell. Unter der Oberfläche liegt möglicherweise ein Ozean aus flüssigem Wasser, dem ein Gesteinsmantel und schließlich ein nur wenige hundert Kilometer dicker eisenhaltiger Kern folgen. Charakteristische Risse und Spalten deuten darauf hin, dass der Eismantel einerseits durch Meteoriteneinschläge, andererseits aber auch durch thermische Spannungen häufig aufgebrochen wurde. Dann ergossen sich Wassermassen aus dem Inneren über die Oberfläche und verdeckten auch die früheren Meteoritenkrater, die wir deshalb nur in sehr kleiner Zahl vorfinden.

Ganymed ist mit 5262 km Durchmesser der größte Mond des Sonnensystems überhaupt. Für einen Umlauf um den Jupiter in einem mittleren Abstand von 1 070 000 km benötigt er 7,16 Tage. Krater, Lavaströme und Landschaften mit Bergen und Tälern prägen sein Aussehen. Dunklere (ältere) und hellere Regionen wechseln einander ab; in den helleren Gebieten fallen bis zu hundert Meter tiefe Furchen auf, die sich über Tausende Kilometer Länge erstrecken – vermutlich das Ergebnis von Dehnungsprozessen. Unter der Eiskruste wird ein 50 km dicker Salzwasserozean vermutet, dem sich ganz innen ein Kern aus Gestein und Eisen anschließt.

Kallisto umrundet den Jupiter in 1 883 000 km Distanz in 16,69 Tagen. Er ist über und über mit Einschlagkratern bedeckt, die seine Eiskruste prägen. Vermutlich hat sich die Oberfläche seit Jahrmilliarden nicht mehr wesentlich verändert. Auch hier wird unter der Eiskruste von 200 km Dicke ein 10 km dicker Ozean vermutet, dem dann der Kern aus Gestein folgt.

Die heute bekannten 63 Monde wurden größtenteils mit den Hilfsmitteln der Raumfahrt entdeckt, zuvor waren nur zwölf bekannt, von denen acht jedoch wesentlich kleiner sind als die «Galileischen Monde». Die meisten der später (auch mit Großteleskopen) gefundenen Monde sind nur wenige Kilometer groß. Ein Teil umläuft den Planeten rückläufig, so dass man sie für eingefangene Kleinkörper aus dem Asteroidengürtel halten muss.

Die Monde des Saturn   Die Zahl der Saturnmonde beträgt 50 (Stand: Frühjahr 2006). Auch bei Saturn sind die meisten seiner Trabanten erst durch den Einsatz der Raumfahrt und die Benutzung von Großteleskopen in jüngerer Vergangenheit entdeckt worden. Sie sind größtenteils sehr winzig.

Die «klassische» erdgebundene Astronomie kannte 11 Saturnmonde. Von ihnen sollen hier nur die im 17. Jahrhundert entdeckten und größten besprochen werden: Titan (1655, Entdecker: Ch. Huygens) sowie Thetys, Dione und Rhea (1684, 1672, Entdecker: G. D. Cassini).

Titan ist der größte Mond des Saturn, verfügt über einen Durchmesser von 5150 km und umrundet den Planeten in einem Abstand von 1,2 Milliarden km Entfernung in rd. 16 Tagen. Nachdem die Sonde Voyager 1 bereits 1980 unser Wissen über Titan wesentlich erweitert hatte, brachte 2005 die europäische Huygens-Sonde, die europäische Tochtersonde der US-amerikanischen Cassini-Mission, außerordentlich detaillierte Erkenntnisse über den Saturn-Mond. Die Sonde landete auf Titan, nachdem sie seine ausgedehnte Atmosphäre durchflogen hatte. Wissenschaftler halten die Existenz einfacher Lebensformen in den öligen Methanseen des Saturnsatelliten für möglich.

Thetys hat einen Durchmesser von rd. 1000 km und umrundet den Saturn in 45,3 Stunden bei einem mittleren Abstand von 295 000 km. Die Oberfläche dieses fast ausschließlich aus Wassereis bestehenden Satelliten ist mit zahlreichen Kratern übersät, deren größter einen Durchmesser von 400 km aufweist. Außerdem ist die Oberfläche des Mondes von einem 100 km breiten Grabensystem durchzogen, das mehr als 2000 km Länge aufweist.

Dione mit 1120 km Durchmesser umrundet den Saturn in 65,7 Stunden in einem mittleren Abstand von 377 000 km. Viele Krater, aber auch Spalten und Bergrücken prägen das Aussehen der Oberfläche. Die vergleichsweise hohe mittlere Dichte lässt auf einen größeren Kern aus Gestein und schwereren Elementen schließen.

Rhea läuft in 527 000 km um den Saturn, weist einen Durchmesser von 1530 km auf und benötigt für einen Umlauf 4,25 Tage. Die Oberfläche dieses größten Eismondes des Ringplaneten weist zahlreiche Krater auf und ähnelt in manchen Regionen auffällig dem Anblick des Erdmondes.

Die Monde des Uranus   Die gegenwärtig bekannte Zahl der Uranus-Monde beläuft sich auf 27; vor der Passage der Sonde Voyager 2 (1986) kannte man nur fünf davon: Miranda, Ariel, Umbriel, Titania und Oberon. Doch neben den Neuentdeckungen lieferte Voyager 2 auch eine Fülle bis dahin unbekannter Details über die «klassischen» Monde.

Dem erst 1948 entdeckten Mond Miranda kam die Sonde mit 20 000 km Abstand besonders nahe. Der Mond misst nur 480 km und umrundet den Planeten in einem Abstand von 129 400 km in 34 Stunden. Es enthüllten sich Landschaften, die im gesamten Sonnensystem ihresgleichen suchen: Neben krater-bedeckten Ebenen finden sich auch gewellte Areale, die an ein frisch gepflügtes Feld erinnern. Außerdem durchziehen helle und dunkle Bänder das Gelände, während andernorts steile und hohe Hänge an schmale Gräben stoßen. Es wird u. a. vermutet, dass die Entstehung dieser vielgestaltigen Formationen auf den Zusammenstoß dieses Mondes mit einem größeren anderen Körper zurückgeht, der ihn völlig umgestaltete.

Unterschiedlich präsentieren sich die Oberflächen von Ariel und Umbriel. Ariel läuft in 2,52 Tagen in einem Abstand von 191 000 km um den Planeten und weist einen Durchmesser von 1170 km auf. Kleine Krater kommen viel häufiger vor als größere, so dass man von einer Einebnung der großen Krater, d. h. von intensiven geologischen Aktivitäten, ausgehen kann. Dafür sprechen auch die vielen Gräben und Furchen sowie die Spuren von Eislava. Umbriel läuft in 4,15 Tagen in einer mittleren Distanz von 266 300 km um den Uranus und hat fast dieselbe Größe wie Ariel. Er sieht hingegen viel dunkler aus und zeigt noch alle Krater aus seiner Frühgeschichte.

Titania ist mit 1580 km Durchmesser der größte Uranus-Mond. Sein Umlauf in 435 910 km Entfernung dauert 8,7 Tage. Alles spricht dafür, dass auch hier die einstmals vorhandenen größeren Krater durch Eislava überflutet wurden und wir deshalb heute hauptsächlich kleinere vorfinden.

Oberon misst 1524 km und läuft in 13,58 Tagen in einer Distanz von 183 500 km um den Planeten. Auch er ist ein Eismond, zeigt aber viele größere Krater mit über 100 km Durchmesser.

Die Monde des Neptun   Neptun besitzt (mindestens) 17 Monde. Nur zwei von ihnen, Triton und Nereide, waren vor dem
Vorbeiflug von Voyager 2 (1981) bekannt. Allerdings sind fast
alle neu entdeckten Monde sehr klein.

Triton hat einen Durchmesser von rd. 2700 km und umrundet den Neptun in einer Distanz von 355 000 km in jeweils
5,88 Tagen. Voyager 2 passierte diesen Mond 1989 in einem
Abstand von nur 40 000 km. Die detaillierten Fotos zeigen eine
recht vielgestaltige Oberflächenstruktur in unterschiedlichen
Farbtönen. Die kraterbedeckte Südpolregion in Gestalt einer
Polkappe gilt als ältester Teil der Oberfläche. Dunkle fahnen-
artige Streifen werden als Wirkungen einer dünnen Atmosphäre
des Mondes gedeutet, die aus Stickstoff und Methan besteht.
Die unterschiedliche Kraterdichte in verschiedenen Regionen
lässt darauf schließen, dass es in Teilen der Oberfläche zur Um-
gestaltung gekommen ist, ausgelöst durch starke Lavaflüsse.

Nereide hat nur einen Durchmesser von 340 km und umrundet den Neptun in rd. 360 Tagen. Die Bahn ist stark elliptisch,
so dass die Distanzen zwischen 1,4 und 9,6 Millionen km
schwanken. Der kleine Mond wurde wahrscheinlich – ebenso
wie Triton – vom Neptun eingefangen und besteht zu großen
Teilen aus Wassereis.

Die Monde des Pluto   Pluto verfügt über drei Monde. Charon,
der größte seiner Trabanten, umrundet den Planeten in einem
Abstand von 20 000 km in derselben Zeit, die dieser für eine
Rotation um seine Achse benötigt (6,39 Tage). Charon ist mit
1180 km Durchmesser etwa halb so groß wie Pluto selbst, so
dass von einem «Doppel-Planeten» gesprochen werden kann.
Die beiden anderen Pluto-Monde, Hydra und Nix, sind wesentlich kleiner (70 bzw. 30 km Durchmesser) und wurden erst 2005
entdeckt.

Klein- und Kleinstkörper:
Kometen, Meteorite, Staub und Gas

Kometen Kometen sind kleine Körper im Sonnensystem, die sich zumeist auf sehr lang gestreckten elliptischen Bahnen um die Sonne bewegen. Im Unterschied zu den Planeten sind die Exzentrizitäten ihrer Bahnen viel größer, auch fehlt die Ausrichtung auf die Hauptebene des Sonnensystems, die Ekliptik. Es kommen alle möglichen Bahnneigungen gegen die Ekliptik vor. Die Umlaufzeiten der Kometen sind sehr unterschiedlich. Langperiodische Kometen benötigen mehr als 200 Jahre für einen Umlauf um die Sonne und entfernen sich bis in die Tiefen des Sonnensystems vom Zentralgestirn. Unter ihnen gibt es Objekte, deren Umlaufzeit sogar in die Jahrmillionen geht. Kurzperiodische Kometen hingegen kommen viel häufiger in die Nähe von Sonne und Erde. Einige von ihnen wurden in ihrer Bewegung durch die Massen der großen Planeten beeinflusst. Dazu zählen die Kometen der «Jupiterfamilie», deren sonnenfernster Bahnpunkt in der Nähe der Jupiterbahn liegt.

Ein besonders bekannter Komet ist der von Edmond Halley zu Beginn des 18. Jahrhunderts berechnete und später nach ihm benannte Schweifstern. Er kehrt etwa alle 76 Jahre in die Nähe der Sonne zurück, und seine Beobachtung ist bereits seit mehr als 2000 Jahren dokumentiert.

Abb. 14: Der Komet Neat,
aufgenommen am 27. Mai 2004

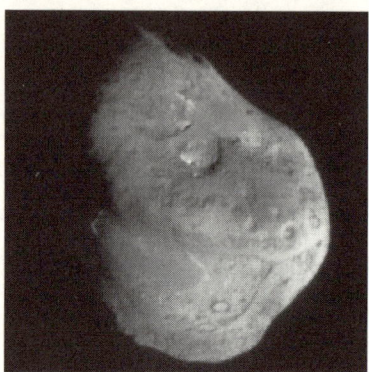

Abb. 15: Der Komet Tempel 1, ungefähr fünf Minuten vor dem Einschlag eines Geschosses der Sonde Deep Impact

Den eigentlichen Kern eines Kometen stellt ein lockeres Konglomerat aus Gesteinsmaterial mit Staub, durchsetzt von gefrorenem Wasser, Ammoniak und Methan, dar. Die typischen Durchmesser solcher Kerne liegen zwischen etwa 5 und 50 Kilometer, ihre Massen im Bereich von 10^{11} bis 10^{17} Gramm (Masse der Erde: 6×10^{24} Gramm).

Das charakteristische Erscheinungsbild eines Kometen entfaltet sich erst, wenn der kleine Himmelskörper in die Nähe der Sonne gelangt. Ab etwa 5 AE Entfernung zur Sonne beginnen die gefrorenen Gase des Kometenkerns zu verdampfen und zu entweichen. Dabei werden auch Staubteilchen mit herausgerissen, so dass sich um den Kern eine Gas-Staub-Hülle, die Koma, bildet. Mit zunehmender Annäherung an die Sonne bewirken dann ein von der Sonne ausgehender Teilchenstrom (Sonnenwind) und der Strahlungsdruck, dass die Bestandteile der Koma nach hinten weggedrückt werden. Dann prägt der Komet seinen Schweif aus. Dessen gasförmige Bestandteile werden zum Leuchten angeregt, während die Staubkomponente im reflektierten Sonnenlicht sichtbar wird. Kometenschweife können bis zu Hunderte Millionen Kilometer lang werden. Die Materiedichte in den Schweifen ist jedoch extrem gering; sie beträgt nur einige Moleküle je cm³ – für irdische Laborverhältnisse ein Vakuum!

Die Kometen befinden sich in unserem Sonnensystem wie in einer riesigen Tiefkühltruhe in der so genannten Oort'schen

Wolke. Diese umgibt das System in etwa der 4000fachen Pluto-Entfernung und birgt schätzungsweise 100 Milliarden Kometenkerne. Durch die Gravitationswirkung vorüberziehender Fixsterne werden die kleinen Objekte dann gelegentlich aus der Wolke in das innere Sonnensystem katapultiert, um dann eines Tages am irdischen Firmament sichtbar zu werden.

Neben der Oort'schen Wolke ist das Sonnensystem noch von einem etwa in Pluto-Entfernung liegenden zweiten Gürtel umgeben, dem Kuiper-Gürtel. Auch er beherbergt Kometenkerne in großer Zahl. Die beiden Gürtel stammen aus der Entstehungszeit unseres Sonnensystems. Deshalb erhofft man sich vom Studium der Kometenkerne Erkenntnisse über die Evolution unseres Sonnensystems. Ein spektakuläres Unternehmen, das diesem Ziel diente, war der Einschlag eines Geschosses der Sonde Deep Impact auf dem Kometen Tempel 1 im Juli 2005.

Meteorite   Meteorite sind Körper aus dem Weltall, die auf die Oberfläche der Erde gelangt sind (solange sie sich noch im Weltall befinden, heißen sie Meteoride!). Wir unterteilen sie nach ihrer Zusammensetzung in Stein- und Eisenmeteorite. Erstere bestehen hauptsächlich aus Silizium, Magnesium und Sauerstoff, Letztere aus Eisen und Nickel sowie weiteren Metallen. Auf Grund ihrer Bestandteile kann man den Schluss ziehen, dass Meteorite Bruchstücke einst größerer Körper sind, z. B. Kometenkerne oder Asteroiden. Der größte je gefundene Steinmeteorit hat eine Masse von über 1000 kg, der größte in einem Stück gefundene Eisenmeteorit (Hoba West, Namibia) wiegt 60 000 kg. Besonders viele Meteorite sind in den vergangenen Jahrzehnten im Eis der Antarktis gefunden worden. Einige wenige Meteorite konnten zur großen Überraschung der Forscher als Material des Erdmondes und des Planeten Mars identifiziert werden. Einschläge von großen Meteoriten auf diesen Himmelskörpern haben offensichtlich Material aus dem Schwerefeld der beiden Objekte in den Kosmos hinauskatapultiert, das dann nach hinreichend langer Zeit zufällig auch auf die Erde gelangte.

Das Aussehen unseres Planeten ist durch Meteoriteneinschläge weniger geprägt worden als andere Himmelskörper. Die irdische Atmosphäre bietet einen wirksamen Schutzschild gegen kleinere kosmische Geschosse. Dennoch finden wir auf unserem Planeten zahlreiche Meteoritenkrater, beispielsweise den Arizona-Krater in den USA mit knapp 1300 Meter Durchmesser und einer Tiefe von rd. 175 Metern. Auslöser war ein großer Meteorid, der durch die Atmosphäre nur unwesentlich abgebremst werden konnte. Auch in Deutschland gibt es zwei große Meteoritenkrater, die aber infolge ihres Alters von rd. 15 Millionen Jahren und der inzwischen erfolgten Verwitterungserscheinungen nur noch in Andeutungen zu erkennen sind: das Nördlinger Ries (Durchmesser: 25 km) und das Steinheimer Becken in der Schwäbischen Alb.

Kleinere Objekte aus dem Weltall, die mit der Erde zusammentreffen, vermögen ihre Oberfläche in Folge der Atmosphäre nicht zu erreichen. Sie verglühen in hohen Schichten der Atmosphäre und verursachen dort eine Leuchtspur als Sternschnuppen oder Feuerkugeln.

Das gehäufte Auftreten solcher Sternschnuppen zu bestimmten Zeitpunkten des Jahres ist schon lange bekannt. Die genaue Untersuchung dieses Phänomens führte zu der Erkenntnis, dass periodische Sternschnuppenströme größtenteils auf Kometen zurückzuführen sind, die ihre Auflösungsprodukte gleichsam längs ihrer Bahn verstreuen. So sind z.B. die bekannten August-Sternschnuppen (Perseiden) Bestandteile des Kometen 1862 III. Jedes Jahr, wenn die Bahn unserer Erde die Bahn des Kometen kreuzt (gleichgültig, wo sich der Komet selbst gerade befindet), treten gehäuft Sternschnuppen auf. Die winzigen Teilchen, die in der oberen Atmosphäre der Erde die Leuchterscheinungen verursachen, haben im Allgemeinen nur einen Durchmesser zwischen einem und zehn Millimetern! Keines dieser Partikel erreicht die Erdoberfläche.

Staub und Gas   Die Kleinkörper im Raum zwischen den Planeten werden unter dem Begriff interplanetare Materie zusammengefasst. Im weiteren Sinne gehören also auch die Kleinen Planeten und die Kometen dazu. Doch der interplanetare Raum ist auch mit noch wesentlich kleineren Teilchen (interplanetarem Staub) und Gasen angefüllt. Hinzu kommen freie Elektronen, Protonen und Ionen. Die mittlere Dichte ist jedoch sehr klein. In der Umgebung der Erde beträgt die Staubdichte etwa 10^{-20} g/cm³. Darin sind Teilchen mit bis zu 0,001 mm Durchmesser enthalten.

Das interplanetare Gas wurde erst durch den Einsatz von Raumflugkörpern genauer erforscht. Seine Bestandteile sind hauptsächlich Protonen, Elektronen und Heliumkerne. Sie stammen aus der Sonne und werden in den Raum hinausgeblasen (Sonnenwind).

Der interplanetare Staub führt auch zu Erscheinungen, die mit dem bloßen Auge sichtbar sind. Beim Eindringen in die äußersten Schichten der Erdatmosphäre werden sie als «Leuchtende Nachtwolken» sichtbar. In südlicheren Breiten kann auch das so genannte Zodiakallicht (Tierkreislicht) beobachtet werden. Es weist etwa die Helligkeit der Milchstraße auf und wird durch Streuung des Sonnenlichtes an den Staubteilchen des interplanetaren Raumes verursacht, die sich in einer flachen Wolke symmetrisch zur Erdbahnebene befinden.

Herkunft des Sonnensystems

Aus Altersbestimmungen an den Objekten des Sonnensystems wissen wir, dass es seit rd. 5 Milliarden Jahren besteht. Doch wie ist es entstanden? Noch vor wenigen Jahrhunderten errechnete man das Alter der Welt aus der Geschlechterfolge der Bibel, und die dort beschriebene Schöpfungsgeschichte galt als Erklärung der Weltentstehung. Doch schon 1755 versuchte Immanuel Kant in seiner «Allgemeinen Naturgeschichte und Theorie des Himmels» die Herausbildung der Welt aus dem Wirken von Naturgesetzen zu verstehen. Heute ist die Frage nach der Herkunft des Universums, aber auch unseres Sonnensystems Gegenstand exakter wissenschaftlicher Untersuchungen. Dennoch stellt sie ein schwieriges Problem dar. Eine befriedigende Hypothese über die Herkunft unseres Sonnensystems muss in der Lage sein, die wichtigsten durch Beobachtungen gesicherten Tatsachen über das System als Entwicklungsresultat widerspruchsfrei darzustellen. Dabei handelt es sich vornehmlich um drei Grundeigenschaften des Planetensystems:

1. Die Planeten bewegen sich alle in einer Ebene um die Sonne, beschreiben dabei kreisähnliche Bahnen, die fast ausnahmslos im gleichen Rotationssinn durchlaufen werden, in dem sich auch die Sonne um ihre Achse bewegt. Die Ebene, in der sich Planeten um die Sonne bewegen, ist identisch mit der Äquatorebene der Sonne.

2. Die Sonne verfügt über 99,9 % der Gesamtmasse des Sonnensystems, jedoch nur über einen winzigen Bruchteil des Gesamtdrehimpulses (Drall). In jedem Gramm Planetenmasse steckt rd. einhunderttausendmal so viel Drehimpuls wie in jedem Gramm Sonnenmasse.

3. Die mittlere Dichte der Planeten nimmt mit zunehmendem Abstand von der Sonne, d. h. im System von innen nach außen, ab. Die Planeten bilden hinsichtlich ihrer Dichte grob zwei Gruppen: Merkur bis Mars weisen hohe mittlere Dichten auf, die äußeren Planeten sind Gasplaneten mit sehr geringer mittlerer Dichte.

Angesichts dieser Tatsachen geht man heute davon aus, dass sich Sonne und Planeten in einem gemeinsamen Prozess gebildet haben. Das gegenwärtig allgemein akzeptierte Szenario sieht – grob skizziert – folgendermaßen aus:

Sonne und Planeten entstanden aus einer anfangs kalten interstellaren Gas- und Staubwolke sehr geringer Dichte, die sich unter der Wirkung ihrer eigenen Schwerkraft allmählich zusammenzog (Kontraktion). Um die Vorgänge richtig verstehen zu können, müssen wir allerdings hinzufügen, dass der ersten Generation von Sternen nur die Elemente Wasserstoff und Helium zur Verfügung standen. Daraus hätte sich niemals das Planetensystem entwickeln können, dessen Planeten ja zu einem beträchtlichen Teil aus schwereren Elementen bestehen. Diese wurden aber erst im Inneren von Sternen synthetisiert und gelangten dann durch Supernova-Explosionen in den interstellaren Raum, fehlten also noch, als die ersten Sterne entstanden (siehe S. 77). Unsere Sonne ist folglich kein Stern der ersten Generation, die im Universum entstanden.

Die Kontraktion der ursprünglichen Wolke setzte Wärme frei, die jedoch zunächst ungehindert in die Umgebung abgestrahlt wurde. Mit zunehmender Dichte wurde die Wolke immer undurchsichtiger und heizte sich deswegen auf. In die immer heißer werdenden Gase waren starke Magnetfelder eingelagert, die wie eine magnetische Bremse wirkten. Die höhere Rotationsgeschwindigkeit des schon recht heißen Kerngebietes (Protostern) wurde dadurch immer langsamer. Der Gesamtdrehimpuls des Systems blieb dadurch erhalten, dass ein großer Teil des Dralls vom Zentralgebiet in die äußeren Regionen abgeführt wurde. Die den Protostern umgebende Materiewolke hatte sich außerdem durch die Rotation inzwischen stark abgeflacht und war zu einer Scheibe geworden. Die Dichte in der Scheibe hatte zugenommen, was die Wahrscheinlichkeit gegenseitiger Anlagerungen von Staubteilchen zu immer größeren Einheiten erhöhte (sukzessive Kondensation). Dadurch wuchsen schließlich Brocken heran, die sich wiederum mit anderen vereinigten und die so genannten Planetesimals bildeten.

Auch die unterschiedlichen Dichten in den verschiedenen Regionen prägten sich bereits jetzt aus: Im inneren Teil der Scheibe bestanden die Planetesimals aus Silikaten, Eisen, Nickel und anderen schwereren Elementen. Die leichter flüchtigen Elemente konnten' wegen der dort herrschenden hohen Temperaturen nicht auskondensieren. Im äußeren Teil der Scheibe hingegen war dies möglich. Dort verfestigten sich die leichten Elemente, ab einer Distanz von 5 Astronomischen Einheiten auch unter Beteiligung von Wassereis und ab etwa 30 Astronomischen Einheiten mit Methan.

In der Nähe der Sonne hatten sich mittlerweile etwa 100 mondgroße Planetesimals herausgebildet, zehn merkurgroße und einige marsgroße. Die meisten davon bildeten später die Planeten Venus und Erde.

Das zentrale Objekt, die noch im Werden begriffene Sonne, blies inzwischen mächtige Materieströme nach außen ab. Damit gelangten leicht flüchtige Stoffe in das äußere Sonnensystem, wo sie abrupt an der Schneegrenze kondensierten. Dies führte zu einem stark wachsenden Jupiter, der aus diesem Grunde auch andere in der Umgebung vorhandene Gase an sich zu binden vermochte und eine eigene Scheibe ausbildete, aus der sich sein Ringsystem und seine Monde entwickelten. Ähnliche Vorgänge liefen auch bei den anderen massereichen äußeren Planeten ab. Allerdings wurde die Dichte in der die Sonne umgebenden Scheibe nach außen hin immer geringer, so dass der Akkretionsprozess dort entsprechend länger dauerte. Deshalb waren auch die Massen der dortigen Protoplaneten (Uranus, Neptun) noch zu klein, um die leichten Elemente festzuhalten. Dies erklärt die größeren Gesteins- und Eisenkerne dieser Planeten.

Jupiter indessen störte mit seiner gigantischen Masse die Planetesimals, die sich in seiner Nähe aufhielten. Viele von ihnen konnten sich deshalb nicht zu einem Planeten vereinigen und blieben in Gestalt der Asteroiden zwischen den Bahnen von Mars und Jupiter.

Die große Zahl von Kleinkörpern in der ersten Jahrmilliarde unseres Sonnensystems hatte zahlreiche Zusammenstöße mit den schon entstandenen Planeten zur Folge. Dadurch erklärt sich das pockennarbige Antlitz vieler Planeten. Außerdem ist anzunehmen, dass bei einem solchen Zusammenprall der Rotationssinn der Venus umgedreht und der äußere Mantel des Merkur abgeschlagen wurde, der deshalb einen besonders hohen Eisenanteil im Verhältnis zu seiner Masse aufweist. Schließlich ist damals auch der Erdmond entstanden, als ein beträchtlich großer Körper die äußeren Schichten der Erde zerschlug und Masse aus ihrem Inneren in den umgebenden Raum hinausgeschossen ist.

So plausibel das gesamte Szenario auch klingt, darf man doch nicht übersehen, dass viele Details noch einer genaueren Klärung bedürfen. So hat man etwa in neuerer Zeit damit begonnen, die Eigenschaften kosmischer Staubpartikel, deren Aufbau man aus Untersuchungen mit Hilfe von Infrarot-Satelliten kennt, in irdischen Labors genauer zu untersuchen, um den Prozess der Entstehung von Planetesimals und deren Vorstufen genauer zu verstehen. Bei diesen Experimenten zeigte es sich, dass die Massenanziehung der winzigen Staubkörner nicht genügt, um den Wachstumsprozess zunehmend größerer Gebilde zu bewirken.

Die aerodynamischen Kräfte des umgebenden Gases sind stärker und verhindern die gegenseitige Anlagerung der Staubteilchen. Bei der Haftwahrscheinlichkeit dieser Partikel spielt offensichtlich vielmehr die elektrostatische Aufladung eine entscheidende Rolle.

Planeten bei fernen Sonnen

Bereits dieses grobe Szenario der Herausbildung eines Planetensystems impliziert die Vorstellung, dass es sich hierbei um einen allgemein gültigen Vorgang handelt, der sich in ähnlicher Weise auch anderswo im Universum abgespielt haben sollte.

In der Tat ist man bei der Suche nach extrasolaren Planeten (Exoplaneten) – besonders in den letzten Jahren – extrem fündig geworden. Dass dies nicht schon früher geschah, liegt an den höchst verfeinerten Methoden, die uns heute für solche Untersuchungen zur Verfügung stehen. Auf Grund der großen Entfernungen der Sterne und der Kleinheit ihrer eventuellen Planeten sowie des geringen Abstandes dieser Planeten von ihrem Mutterstern können solche Objekte nämlich nicht einfach mit Hilfe von Teleskopen nachgewiesen werden. Doch die heutigen ausgeklügelten und meist indirekten Methoden haben uns in jüngster Zeit eine wahre Schwemme von Exoplaneten entdecken lassen. Niemand zweifelt jetzt mehr daran, dass Planeten in den Weiten des Universums ein ganz normales Phänomen sind und unser Sonnensystem in dieser Hinsicht keine Ausnahme darstellt.

Die Entdeckungen von Planeten bei fernen Sonnen bescherten uns allerdings auch große Überraschungen, d. h. Befunde, mit denen man nicht gerechnet hatte. Die meisten dieser Planeten umrunden ihren Stern nämlich in extrem geringen Abständen, obschon sie sehr große Massen besitzen. So fand man beispielsweise zwei Planeten mit zehnfacher Jupitermasse, deren Distanz zum Hauptstern nur der unseres Planeten Merkur im Sonnensystem entspricht. Eine nächste Überraschung boten die Bahnformen: Viele dieser Planeten bewegen sich auf lang gestreckten elliptischen Bahnen – eine Erscheinung, die wir in unserem Planetensystem nicht kennen. Rekordhalter unter diesen

Objekten ist ein Planet bei dem Stern HD 80606, der seine Bahn in 111 Tagen durchläuft und sich dabei dem Hauptstern bis auf 5 Millionen km annähert, sich aber in seinem fernsten Bahnpunkt auch bis zu 127 Millionen km von ihm entfernt.

Das muss noch nicht bedeuten, dass im Weltall keine Sonnensysteme von der Art des unseren existieren. Vielmehr ist die Entdeckungswahrscheinlichkeit für sehr massereiche Planeten in großer Nähe zu ihrem Zentralstern einfach größer, d. h., sie sind auf Grund der verwendeten Methoden leichter nachzuweisen. Erst die weitere Verfeinerung der Methoden wird es gestatten, auch solche Sonnensysteme im Weltall zu finden, die unserem ähnlicher sind.

Dennoch bergen die bisherigen Entdeckungen ein Problem: Wir hatten ja gerade plausibel gemacht (siehe S. 41), warum die Planeten mit großen Massen und geringer Dichte in größerem Abstand zur Sonne entstanden sind. Da überall im Universum die gleichen Naturgesetze gültig sind, ergibt sich ein Widerspruch. Die Gasriesen in extrasolaren Systemen *können* nicht dort entstanden sein, wo sie sich befinden.

Deshalb werden jetzt Szenarien diskutiert, die davon ausgehen, dass sich auch die Exoplaneten mit großen Massen als Gasriesen in den äußeren Bezirken ihrer Systeme herausgebildet haben, dann aber nach innen gewandert sind. Modellrechnungen zeigen, dass es zwischen den Planeten und der protoplanetaren Scheibe zu Interaktionen kommt: Der Planet regt Dichtewellen in der Scheibe an. Dadurch verringert sich der Drehimpuls der Scheibe innerhalb der Zone Sonne–Planet, während er sich außerhalb davon vergrößert. Dies führt zu einer Lücke in der Scheibe, die nach innen, also in Richtung Zentralstern, wandert und den Planeten dabei mitnimmt.

Die Berechnungen zeigen, dass den Zeitabläufen bei diesen Prozessen eine entscheidende Rolle zukommt: Bildet sich der Planet bereits sehr früh, wird er schnell nach innen geführt und von seinem Zentralstern verschluckt. Kommt es hingegen erst spät zur Entstehung des Planeten, verbleibt er am Ort seiner Entstehung. Genau dies muss in unserem Sonnensystem der Fall gewesen sein.

Wir sehen also, dass die Entdeckung von Exoplaneten ein spannendes Kapitel der Forschung darstellt, das unseren Vorstellungen über die Herausbildung von Planetensystemen viele neue Erkenntnisse hinzufügt und zugleich die Lückenhaftigkeit unseres Wissens über die Entstehung von Planetensystemen verdeutlicht.

2. Unsere weitere kosmische Umgebung: das Sternsystem

Als Kopernikus 1543 seine Hypothese veröffentlichte, im Zentrum der Welt stünde die Sonne (und nicht die Erde), wusste man über die sonstigen Sterne des Himmels noch nichts. Das Planetensystem mit der Sonne im Zentrum und den damals bekannten sechs Planeten war «das Universum». Nach außen wurde diese Welt durch die Fixsternsphäre abgeschlossen. Die Sterne galten also – wie schon im Alterum – als leuchtende Punkte, die an der Innenseite einer gewaltigen Kugel befestigt waren. Worum es sich bei diesen Objekten handelte? Wie weit sie entfernt waren? Niemand wusste es.

Allerdings hat schon Johannes Kepler zu Beginn des 17. Jahrhunderts die Vermutung geäußert, dass die Sterne möglicherweise doch nicht alle gleich weit von uns entfernt seien. Sein Argument: Es gebe hellere und dunklere, und dies könne bedeuten, dass die dunkleren weiter von uns entfernt stünden als die helleren. Dabei wurde natürlich stillschweigend vorausgesetzt, dass alle Sterne gleich hell strahlen – eine These, die beispielsweise von Galileo Galilei ausdrücklich vertreten wurde. Giordano Bruno betrachtete die Sterne erstmals als fern stehende Sonnen, allerdings auf Grund spekulativer Überlegungen.

Die ersten prinzipiell zutreffenden Ideen über die Verteilung der Sterne im Raum kamen um die Mitte des 18. Jahrhunderts auf. Besonders Thomas Wright und Immanuel Kant entwarfen gedankentiefe Spekulationen, bei denen sie sich bereits auf naturwissenschaftliche Argumente stützten. Kant beschäftigte sich in seiner «Allgemeinen Naturgeschichte und Theorie des Himmels» (1755) u. a. mit der Frage, wie das matt schimmernde Sternenband der Milchstraße am Himmel zu erklären sei. Seit den Fernrohrbeobachtungen von Galilei war bekannt, dass dieser wolkige Lichtgürtel am Himmel tatsächlich aus Sternen besteht. Demnach waren also die Sterne am Firmament extrem ungleichmäßig verteilt: Während sie in der Milchstraße in großer Anzahl vorkommen (wenn auch mit dem bloßen Auge nicht als solche zu erkennen), waren sie am Rest des Himmels gleichsam nur sporadisch angeordnet. Kant erklärte diese scheinbare Verteilung mit der Anordnung der Sterne im Raum: Alle Sterne, einschließlich unserer Sonne, befänden sich in einem riesigen abgeflachten Gebilde, dem Sternsystem. Schauen wir von unserer Position in Richtung auf die Hauptebene dieses Systems, so erblicken wir sehr viele, sehr weit entfernte Sterne. Schauen wir dagegen schräg oder senkrecht gegen diese Ebene zum Himmel, so zeigen sich nur die relativ wenigen Sterne außerhalb der Hauptebene.

Die weitere Erforschung der Sternverteilung im Raum sollte zeigen, dass Kant auf dem richtigen Wege war. Tatsächlich gehört unsere Sonne mit ihren Planeten zu einem gewaltigen Sternsystem. Dessen Dimensionen sind unvorstellbar im Vergleich zu den Abmessungen unseres Planetensystems. Diesem Sternsystem, das wir auch als Galaxis bezeichnen, gelten die nachfolgenden Ausführungen.

Während wir für Entfernungsangaben im Sonnensystem hauptsächlich die «Astronomische Einheit» verwendet haben, sind die Distanzen der Sterne so groß, dass wir zur Vermeidung «unaussprechlicher» Zahlen jetzt alle Distanzen in Lichtjahren angeben wollen. Dabei handelt es sich um die Entfernung, die das Licht (Ausbreitungsgeschwindigkeit im Vakuum: rd. 300 000 km/s) in einem Jahr zurücklegt. Das entspricht einer Distanz von rd. 9,5 Billionen Kilometern (rd. 63 000 AE).

Sterne

Sterne sind heiße Gaskugeln. Unsere Sonne ist folglich ebenfalls ein Stern. Innerhalb unseres Sternsystems existieren etwa 200 Milliarden Sonnen. Deren Zahl kann nur geschätzt werden, denn von der Erde aus können wir sie keineswegs alle sehen. Die

Schätzung ihrer Zahl beruht auf den Erkenntnissen über die Masse des Sternsystems. Dennoch lässt sich keine ganz exakte Zahl angeben, da die Sterne sehr unterschiedliche Massen aufweisen. Auch sonst unterscheiden sie sich hinsichtlich ihrer Eigenschaften beträchtlich voneinander. Die objektiven Kenngrößen, mit denen wir die Sterne als Objekte des Universums beschreiben, sind die so genannten Zustandsgrößen, die direkt oder indirekt aus astronomischen Beobachtungen abgeleitet werden können. Die wichtigsten Zustandsgrößen sind Masse, Leuchtkraft, Radius, Temperatur und chemische Zusammensetzung.

Die Massen der Sterne variieren beträchtlich. Verglichen mit der Sonne weisen die «schwersten» Sterne das Hundertfache der Sonnenmasse auf, die masseärmsten hingegen etwa ein Fünfzigstel der Masse der Sonne.

Die Leuchtkraft eines Sterns (eine adäquate Größe ist die «absolute Helligkeit») stellt ein Maß für die tatsächliche Strahlungsintensität dar. Darüber verrät uns die Betrachtung eines Sterns mit dem bloßen Auge oder in einem Fernrohr zunächst gar nichts. Alle Helligkeiten, die wir von den Sternen wahrnehmen, sind «scheinbare». So kann es sein, dass ein sehr lichtschwacher Stern in Wirklichkeit sehr viel Energie abstrahlt, nur ist der Stern so weit von uns entfernt, dass wir ihn nur noch als mäßig helles Objekt wahrnehmen. Umgekehrt mag ein sehr heller Stern nur deshalb so auffällig am Himmel prangen, weil er uns besonders nahe steht. Um seine wirkliche Strahlungsleitung einschätzen zu können, benötigen wir deshalb die Kenntnis seiner Entfernung. Deshalb werden die absoluten Helligkeiten der Sterne stets auf eine einheitliche Entfernung bezogen. Man denkt sich die Sterne alle in die gleiche Entfernung versetzt und vergleicht dann ihre Helligkeiten miteinander. Das beste Beispiel eines scheinbar sehr hellen, im Vergleich zu anderen Sternen aber in Wirklichkeit nur mäßig hellen Sterns ist unsere Sonne.

Die Leuchtkraft der Sterne schwankt in einem sehr weiten Bereich: Wir kennen Sterne, die nur über 1/100 000 der Sonnenleuchtkraft verfügen, aber auch solche, die eine Million Mal so viel Energie abstrahlen wie unsere Sonne. Dabei besteht ein direkter Zusammenhang zwischen der Masse der Sterne und ihrer

Leuchtkraft. Er wird in der so genannten Masse-Leuchtkraft-Beziehung ausgedrückt.

Auch die Größen (Radien) der Sterne sind sehr unterschiedlich. Ihre Bestimmung ist übrigens nicht ganz einfach, denn selbst in großen Teleskopen erscheinen alle Sterne (mit Ausnahme der Sonne) wegen ihrer großen Entfernungen punktförmig. Nur mit ausgeklügelten Methoden und unter Anwendung spezieller Techniken ist es möglich, zuverlässige Angaben über die Radien der Sterne zu gewinnen. Die größten Sterne sind dreitausendmal so groß wie unser Lebensstern, die kleinsten haben etwa 1/100 des Sonnendurchmessers. Allerdings können Sterne am Ende ihres Lebensweges noch viel winziger werden. Doch davon später in diesem Kapitel.

Die unterschiedlichen (Oberflächen-)Temperaturen der Sterne sind bereits grob an den Sternfarben abzulesen. Rötliche Sterne strahlen mit «nur» etwa 3000 Kelvin, gelbliche (wie unsere Sonne) mit 6000 Grad, die weißlich bläulichen Sterne verfügen über Temperaturen bis zu 30000 Grad.

Genaue Sterntemperaturen werden mit Hilfe der Spektralanalyse bestimmt. Verschiedene Eigenschaften des durch Prismen zerlegten Lichts eines Sterns, u. a. die Intensitätsverteilung über die verschiedenen Wellenlängen, gestatten Rückschlüsse auf die Temperatur des strahlenden Objekts. Natürlich werden auf diese Weise stets nur die Oberflächentemperaturen ermittelt. Alles, was wir über die Temperaturen im Innern der Sterne wissen, stammt aus theoretischen Überlegungen. Diese können aber wieder anhand von Beobachtungen überprüft werden, sind also alles andere als bloße Spekulation.

Auch die chemische Zusammensetzung erschließt sich über die Spektren der Sterne, wobei natürlich – wie bei den Temperaturen – nur Aussagen über die äußeren Schichten, die so genannten Sternatmosphären, gewonnen werden können. Selbst das ist sehr schwierig, aber die Ergebnisse sind umso überraschender: Man fand nämlich, dass die chemische Zusammensetzung der Mehrzahl der Sternatmosphären sehr ähnlich ist. Die Elemente sind dort weitgehend so verteilt wie aus der Sonnenphotosphäre bekannt. Es dominieren Wasserstoff (73%)

und Helium (25%), während der Anteil zahlreich vorhandener schwerer Elemente sich auf die restlichen 2% verteilt. Das stark unterschiedliche Aussehen der Spektren verschiedener Sterne ist also nicht auf stark differierende chemische Zusammensetzungen zurückzuführen, sondern auf unterschiedliche physikalische Bedingungen, wie Druck und Temperatur.

Die Zustandsgrößen der Sterne kommen nicht in beliebigen Kombinationen vor. Diese Tatsache ist für das Verständnis der Sterne von großer Bedeutung. Deshalb wurden die Beziehungen zwischen den verschiedenen Zustandsgrößen seit Beginn des 20. Jahrhunderts sorgfältig untersucht. Eines der wichtigsten zweidimensionalen Zustandsdiagramme ist von dem dänischen Forscher Ejnar Hertzsprung und dem US-Amerikaner H. N. Russell zu Beginn des 20. Jahrhunderts entwickelt worden. Sie stellten in diesem Diagramm die Leuchtkräfte der Sterne in Abhängigkeit von ihren Temperaturen dar. Dabei zeigte sich, dass die meisten Bildpunkte der Sterne in diesem «Hertzsprung-Russell-Diagramm» (HRD) auf einer von links oben nach rechts unten

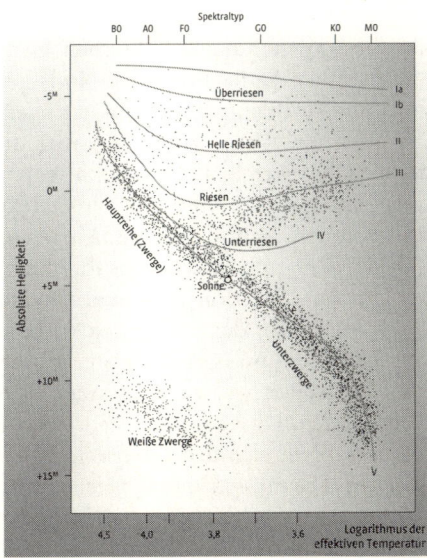

Abb. 16: Das Hertzsprung-
Russell-Diagramm

verlaufenden Diagonale liegen, der so genannten Hauptreihe des Diagramms. Das bedeutet, dass die heißeren Sterne auch mehr Energie abstrahlen, was man ohnehin erwartet hatte. Es fanden sich jedoch auch Sterne rechts oberhalb und links unterhalb der Hauptreihe. Es gibt also auch Sterne sehr niedriger Temperatur, die dennoch sehr viel Energie abstrahlen, und Sterne sehr hoher Temperatur, die dessen ungeachtet sehr schwach leuchten. Es zeigte sich, dass es sich in dem einen Fall um Sterne mit sehr großen Oberflächen handelt (Riesensterne), in dem anderen um sehr kleine Objekte.

Die Entdeckung dieser Zusammenhänge führte direkt zu einer Sternentwicklungstheorie, die das Leben eines Sterns von seiner Entstehung bis zu seinem Ende beschreibt. Während der verschiedenen Lebensphasen nimmt ein Stern unterschiedliche Positionen im HRD ein. Die Besetzungsdichte der verschiedenen Regionen des Diagramms gibt uns außerdem Hinweise darauf, wie lange sich ein Stern jeweils in einem bestimmten Entwicklungsstadium aufhält.

Im Zusammenhang mit unserer Sonne und der Entstehung unseres Planetensystems hatten wir schon einige Ausführungen über die Entstehung von Sternen aus interstellaren Gas- und Staubwolken gemacht. Dabei sind die Objekte zunächst sehr groß und strahlen anfangs mit geringer Temperatur. Es handelt sich also um Riesensterne, die aber die Hauptreihe des HRD noch nicht erreicht haben. Dann gelangen sie auf die Hauptreihe, und zwar die massereichen Objekte oben links, die massearmen unten rechts. Dort verbringen sie die längste Zeit ihres Lebens, denn nun beziehen sie ihre Energie im Wesentlichen aus der Umwandlung von Wasserstoff zu Helium durch Kernfusion. Doch wie lange der Vorrat reicht, hängt von ihrer Masse ab. Das heißt, die massereichen Sterne oben links auf der Hauptreihe verweilen viel weniger lange dort als die masseärmeren rechts unten. Unsere Sonne steht etwa in der Mitte der Hauptreihe und hält sich dementsprechend etwa 10 Milliarden Jahre dort auf. Die masseärmeren Sterne bringen es auf bis zu 50 Milliarden Jahre, die massereichen hingegen nur auf einige hundert Millionen Jahre.

Berechnungen zeigen, dass die Sterne dann die Hauptreihe wieder in Richtung «Riesenast» verlassen. Sie werden abermals zu Riesen, jetzt im Nach-Hauptreihen-Stadium. Alle roten Riesensterne, die wir beobachten, sind solche Objekte (z. B. Beteigeuze, der linke Schulterstern des Sternbildes Orion).

Das weitere Schicksal der Sterne entscheidet sich nun wieder entsprechend ihrer Masse. Sterne mit bis zu etwa 1,2 Sonnenmassen, also auch unsere Sonne selbst, enden als so genannter «Weißer Zwerg». Durch das Ende seines Gleichgewichtszustandes bricht der Stern bis auf einen Bruchteil seines früheren Durchmessers zusammen, der nur noch etwa Planetengröße umfasst und dann allmählich abkühlt – bis zum «Schwarzen Zwerg». Zuvor können sie noch einen Teil ihrer Masse abstoßen, so dass sich ein so genannter Planetarischer Nebel ausbildet. Ist ein Stern am Ende seines Lebens etwa bis zu 2,2 Sonnenmassen schwer, endet er in einem viel kleineren und dichteren Neutronenstern, der nur etwa 15 km Durchmesser besitzt. Er besteht vollständig aus Neutronen, den elektrisch neutralen Bausteinen der Atomkerne. Neutronensterne sind als so genannte Pulsare entdeckt worden – Sterne, die regelmäßige Pulse in verschiedenen Frequenzen aussenden, wobei die Periode dieser Pulse ihrer Rotationsfrequenz entspricht. Die Dichte der Materie eines typischen Weißen Zwergs beträgt etwa 1000 kg/cm³, die eines Neutronensterns hingegen bis zu 10^{15} g/cm³. Ein Stecknadelkopf seiner Materie würde im Schwerefeld der Erde etwa 1 Million Tonnen wiegen.

Dem Übergang eines massereicheren Sterns in einen Neutronenstern geht im Allgemeinen ein Supernova-Ausbruch voraus. Der Stern stößt in einem explosionsartigen Vorgang Masse in das Weltall ab, wobei er kurzzeitig so viel Energie abstrahlen kann wie alle Sterne der Galaxie, zu der er gehört, zusammengenommen.

Noch massereichere Sterne enden als «Schwarze Löcher». Das Objekt kollabiert so weit, dass die Schwerbeschleunigung, die ein Körper an seiner Oberfläche erfährt, ins Unermessliche steigt. Nicht einmal ein Lichtstrahl kann das Objekt dann mehr verlassen. Folglich sind Schwarze Löcher auch nur indirekt nachweisbar.

Zum Schluss unseres Exkurses in die Welt der Sterne wollen wir noch zwei besondere «Arten» von Sternen erwähnen, die Doppel- und Mehrfachsysteme sowie die Veränderlichen.

Tatsächlich kommen die strahlenden Gaskugeln des Universums sehr häufig (> 50 %) als Doppel- oder Mehrfachsysteme vor. Diese bewegen sich dann um einen gemeinsamen Schwerpunkt. Doppelsterne stellen eine besonders interessante Klasse astronomischer Objekte dar. Zum einen verhelfen sie uns dazu, die Massen von Sternen zu bestimmen, weil wir hier zwei Objekte unter dem gegenseitigen Einfluss ihrer Schwerkraft beobachten können. Zum anderen sind auch die Entwicklungswege von Doppelsternsystemen besonders interessant, zumal wenn die beiden Komponenten sehr unterschiedliche Ausgangsmassen besitzen. Dann erreicht nämlich der massereichere Stern zuerst sein Riesenstadium. Dadurch kann es geschehen, dass Masse in den anderen, «jüngeren» Stern hinübergezogen wird und dieser dann – weil er jetzt eine andere Masse besitzt – auch einen anderen Lebensweg beschreitet, als er es ohne seinen «Partner» getan hätte.

Unter Veränderlichen (Variablen) verstehen wir Sterne, deren Helligkeit mehr oder weniger regelmäßig schwankt. Bei den besonders interessanten physischen Veränderlichen beruhen diese Helligkeitsschwankungen auf Pulsationen, d. h. regelmäßigen Vergrößerungen und Verkleinerungen ihrer Oberfläche. Diese Erscheinungen der Instabilität treten in bestimmten Entwicklungsphasen auf. Sie sind von großer Bedeutung für die Bestimmung von Entfernungen über sehr große Distanzen hinweg. Dass man diese Sterne dazu benutzen kann, liegt daran, dass es einen ausgeprägten Zusammenhang zwischen ihren absoluten Helligkeiten und den Perioden ihres Lichtwechsels gibt. Besonders wichtig sind in dieser Hinsicht Sterne, deren Lichtwechsel dem des Prototypen δ Cephei (im Sternbild Kepheus) entspricht. Misst man nämlich die Lichtwechselperiode mit einem Photometer, so kennt man die absolute Helligkeit dieses Sterns und kann aus der leicht zu bestimmenden scheinbaren Helligkeit seine Distanz ermitteln.

Sternhaufen, Gas- und Staubnebel

Weitere wichtige Objekte des Sternsystems sind haufenförmige Sternansammlungen sowie Gas- und Staubnebel.

Sterne entstehen stets in «Rudeln». Vereinfachend hatten wir die Herausbildung eines einzelnen Sterns geschildert, doch in der Realität zerbrechen ursprünglich größere Wolken während des Sternbildungsprozesses, so dass schließlich viele Sterne unterschiedlicher Massen gleichzeitig entstehen. Die geringe Stabilität solcher Sternhaufen sorgt dafür, dass sich ihre Mitglieder im Laufe der Zeit verstreuen und ihre ursprüngliche Zusammengehörigkeit nicht mehr zu erkennen ist. Doch zahlreiche dieser Objekte sind noch vorhanden und stellen interessante Beobachtung- und Forschungsobjekte dar.

Offene Sternhaufen Unter offenen Sternhaufen verstehen wir lokale Ansammlungen von Sternen, die etwa gleichzeitig aus interstellarer Materie entstanden sind. Sie heben sich von ihrem stellaren Umfeld durch eine deutlich höhere Sterndichte ab und weisen auch eine gleichartige Bewegung im Raum auf. Sie heißen offene Haufen, weil sie nur eine geringfügige Konzentration der Sternanzahl zum Zentrum des Haufens hin aufweisen, d. h. eine lockere Ansammlung von Sternen darstellen. Die Zahl der Mitglieder solcher Haufen liegt zwischen 10 und 1000. Oftmals finden wir in solchen Haufen auch noch interstellare Materie in Form von Gas oder Staub eingelagert – Überreste des Materials, aus dem seine Mitglieder hervorgegangen sind. Die optisch eindrucksvollsten offenen Sternhaufen können mit dem bloßen Auge gesehen werden: die Plejaden (Siebengestirn) im Sternbild Stier sowie der Doppelhaufen h und chi im Sternbild Perseus. Während man bei den Plejaden mit dem bloßen Auge nur etwa sechs Sterne erkennt, bieten sie im Fernglas (Feldstecher) einen schönen, sternreicheren Anblick. Doch erst in großen Teleskopen werden alle rd. 400 Mitglieder des Haufens sichtbar. Sie sind in kosmischen Zeitmaßstäben gemessen jung, denn sie entstanden «erst» vor rd. 80 Millionen Jahren.

Der Doppelhaufen h und chi im Perseus blickt gar erst auf ein

Abb. 17: Sterne aus dem Sternenhaufen der Plejaden,
des Siebengestirns

Alter von 5 Millionen Jahren zurück. Als die Sterne dieses Haufens entstanden, wandelten also bereits Menschen auf unserem Planeten!

Kugelsternhaufen Im Unterschied zu den offenen Sternhaufen zeigen die Kugelsternhaufen eine deutliche Konzentration zum Zentrum, und ihre Mitglieder verteilen sich über einen etwa kugelförmigen Raum. In den zentralen Regionen von Kugelhaufen stehen die Sterne etwa fünfhundertmal so dicht wie in der Umgebung unserer Sonne. Auch hinsichtlich ihrer Mitgliederzahl nehmen die Kugelhaufen eine andere Stellung ein als die offenen Haufen: In ihnen finden wir nämlich 10 000 bis zehn Millionen Sterne. Wegen ihrer großen Masse sind sie auch viel stabiler, d. h., ihre Mitglieder zerstreuen sich nicht im Raum.

Gegenwärtig sind etwa 150 Kugelsternhaufen in unserer Galaxis bekannt; nur wenige von ihnen können mit dem bloßen Auge gesehen werden. Am nördlichen Himmel ist dies lediglich der Kugelsternhaufen M13 im Sternbild Herkules, den wir aber

Abb. 18: Der
Kugelstern-
haufen M 80
im Sternbild
Skorpion

nur als ein schwaches Lichtfleckchen wahrnehmen können.
Auch kleinere Fernrohre lassen keine Einzelsterne erkennen.
Dass wir vom Herkules-Haufen mit einfachen Hilfsmitteln so
wenige Details erfassen, liegt an seiner großen Entfernung von
rd. 23 000 Lichtjahren.

Gasnebel   Gas ist zwar im gesamten Sternsystem fast gleichmäßig verbreitet, tritt aber nur in sehr geringer Dichte auf. In
einem Volumen von der Größe der Erde finden wir nur etwa
10 kg interstellaren Gases. Jedoch gibt es auch zahlreiche Gasnebel, in denen die Materiedichte wesentlich höher liegt. Sie bestehen zum größten Teil aus ionisiertem und neutralem Wasserstoff. Die ionisierten Nebel, bei denen gleichsam Elektronen der
Atomhülle fehlen, können durch ein intensives Eigenleuchten
(Emission) wahrgenommen werden. Die Ionisation kommt
durch die energiereiche Strahlung benachbarter Sterne zustande, d. h., Emissionsnebel treten stets in der Nähe von Sternen
auf. Zu den bekanntesten Objekten dieser Art zählt der Nord-

amerika-Nebel im Sternbild Schwan, der sich über ein Flächengebiet vom Sechsfachen des Vollmonddurchmessers erstreckt.

Viele vergleichsweise isoliert vorkommende Materieansammlungen machen sich als Dunkelwolken bemerkbar. Sie verschlucken (absorbieren) das Licht dahinter stehender Sterne und täuschen dadurch eine ungleichförmige Sternverteilung vor. In solchen Dunkelwolken hat man interessante Moleküle entdeckt. Neben Kohlenwasserstoff und Kohlenmonoxid wurden auch sehr kompliziert aufgebaute organische Moleküle gefunden, so z.B. Formamid und Methylamin, d.h. Moleküle mit einer Aminoverbindung. Es scheint also in diesen unwirtlichen kalten Regionen des Sternsystems zwischen den Sternen eine Vorzugsrichtung für die Herausbildung von Molekülen zu bestehen, von denen wir wissen, dass sie unabdingbare Voraussetzungen für die Entstehung des Lebens sind.

Staubnebel Etwa ein Prozent der Gesamtmasse unseres Sternsystems besteht aus Staub. Das sind kleine feste Teilchen, die sich vor allem durch die Abschwächung und Verfärbung des Lichts dahinter stehender Sterne bemerkbar machen. Wenn sich kompaktere Staubansammlungen in der Nähe von Sternen befinden, können sie uns ihre Existenz auch direkt verraten, indem sie das Licht der benachbarten Sterne reflektieren. Man spricht dann von Reflexionsnebeln. Die Staubteilchen sind extrem winzig. Ihre Größe liegt zwischen 0,1 und 1 µm.

Aus den Veränderungen, die das Licht von hinter den Staubwolken befindlichen Sternen erleidet, versucht man auf die chemische Beschaffenheit der Staubpartikel zu schließen. Silikate, Aluminiumoxid und Wassereis gelten als gesichert, Titanoxid als wahrscheinlich. Die entsprechenden Messungen wurden vor allem mit den Infrarot-Satelliten IRAS und ISO durchgeführt. Durch Analyse der Verfärbung von Sternenlicht in verschiedenen Wellenlängenbereichen entdeckte man auch winzige Graphitteilchen und tonnenweise Diamant- und Saphirstaub.

Die Herkunft der Staubpartikel führt man auf alte Sterne mit geringen Oberflächentemperaturen zurück. In den Atmosphären dieser Riesensterne haben sich als Ergebnis der Nuklearsynthese u. a. Kohlenstoff und Sauerstoff gebildet. Wegen der vergleichsweise geringen Temperaturen können diese Gase entweder als Graphit- oder als Silikatteilchen auskondensieren. Durch den Strahlungsdruck werden die Teilchen dann in den interstellaren Raum hinausgeblasen, wo sie weitere Veränderungen erfahren können, z. B. durch Anlagerung von Atomen des interstellaren Gases.

Ungeachtet der relativ geringen Mengen von Staub im Sternsystem spielt er doch eine wichtige Rolle. Einerseits ist die Kenntnis seiner Verteilung für die Messung kosmischer Distanzen wichtig, weil er das Licht dahinter stehender Sterne verändert und so falsche Messwerte vortäuscht. Andererseits ist der kosmische Staub an der Entstehung von Sternen und Planetensystemen wesentlich beteiligt.

Die räumliche Anordnung der Objekte

Die Entdeckung von Galilei, dass die Milchstraße am Himmel tatsächlich aus Sternen besteht, machte nachhaltig deutlich: die (scheinbare) Verteilung der Sterne am Himmel ist höchst ungleichmäßig. Die spätere Deutung dieser scheinbaren Verteilung durch Kant – die Sterne sind in einem abgeflachten System angeordnet – war zwar grundsätzlich richtig, aber doch nur eine sehr grobe Annäherung an die Wirklichkeit. Für die Astronomen ergab sich daraus die Aufgabe, die räumliche Verteilung der Objekte im Milchstraßensystem detailliert zu entschlüsseln. Doch wie konnte das gelingen?

Der nahe liegende Weg schied aus: Man hätte die Entfernung jedes einzelnen Sterns ermitteln können und somit ein objektives Bild der Verteilung aller Sterne. Doch die Bestimmung individueller Sternentfernungen (welche erst seit 1838 überhaupt möglich ist) ist extrem aufwändig und wäre für die große Zahl in Frage kommender Objekte eine unlösbare Aufgabe gewesen. Außerdem kann man nicht alle Sterne des Milchstraßensystems von der Erde aus sehen, weil man ja dazu durch das optisch undurchdringliche Zentrum der Galaxis hindurchschauen müsste.

Da kam der aus Hannover stammende, aber in England wirkende Astronom F. W. Herschel auf eine geniale Idee: Er wollte die scheinbare Sternverteilung mit statistischen Methoden untersuchen und daraus die tatsächliche Verteilung herleiten. Er begann 1784, mit seinen für die damalige Zeit riesigen Teleskopen alle Sterne in 3400 ausgewählten Gebieten des Himmels zu zählen. Herschels Grundgedanke bestand darin, dass er mit seinem Fernrohr in einen kegelförmigen Raumausschnitt hinausblickt, dessen Volumen mit der dritten Potenz der Entfernungen anwächst. Deshalb erwartete er, dass auch die Zahl der Sterne jeweils entsprechend zunahm und dass man aus deren Zahl auf die (relativen) Entfernungen schließen konnte. Dadurch wurde Herschel zum Begründer der Stellarstatistik.

Auch später haben Astronomen umfangreiche stellarstatistische Untersuchungen durchgeführt. Sie mussten allerdings erkennen, dass der überblickbare Raum offenbar nur einen winzigen Teil des Milchstraßensystems umfasst, weil die interstellare Materie den freien Blick behindert. Man fand zwar grundsätzlich die schon von Kant formulierten Erkenntnisse (abgeflachtes System) bestätigt, erfasste aber bei weitem nicht die wirkliche Dimension der Galaxis.

Das wurde vollends deutlich, als es dem US-amerikanischen Forscher H. Shapley 1918 gelang, die Entfernungen von Kugelsternhaufen zu bestimmen. Er fand heraus, dass die Kugelsternhaufen über ein riesiges kugelförmiges Gebiet recht gleichmäßig verteilt sind, dessen Zentrum in Richtung zum Sternbild Schütze liegt. Dort ist auch die scheinbare Sterndichte am größten, wie man bereits erkennen kann, wenn man die Gegend der Milchstraße im Sternbild Schütze in einem Fernglas betrachtet. Shapley schloss daraus, dass sich dort das Zentrum des Sternsystems befindet. Dann könnte man – so Shapley – mit einiger Berechtigung davon ausgehen, dass der Durchmesser der Kugel, in der sich die Kugelsternhaufen befinden, etwa den Abmessungen des Sternsystems entspricht. Das Resultat war höchst überraschend: Shapley berechnete eine Breite des Systems von rd. 300000 Lichtjahren und eine Dicke von 30000 Lichtjahren – das Zehnfache dessen, was die Stellarstatistiker gefunden hatten. Die Werte mussten zwar später noch korrigiert werden (siehe S. 63), waren jedoch tendenziell richtig.

Doch wie sollte der Raum zwischen dem viel zu klein gemessenen System und der Distanz der Kugelsternhaufen gefüllt werden? Sicherlich war er nicht leer. Indem man diesen Fragen mit immer besseren Beobachtungstechniken nachging, fand man schließlich heraus, dass die Materie, besonders das Gas, aber auch die Sterne, in einer spiraligen Struktur angeordnet sind. Eine wesentliche Rolle bei der Klärung dieses Problems spielte die seit den vierziger Jahren des 20. Jahrhunderts zur Verfügung stehende Methode der Messung von Radiostrahlung aus dem Universum (Radioastronomie). Der im Milchstraßensystem weit verbreitete interstellare Wasserstoff sendet nämlich Strahlung mit einer Wellenlänge von 21 Zentimetern aus, die im radiofrequenten Bereich des elektromagnetischen Spektrums liegt. Diese Strahlung hat die Eigenschaft, in ihrer Ausbreitung von der interstellaren Materie nicht behindert zu werden, so dass man die ganze Tiefe des Sternsystems auf diese Weise ausloten kann, selbst wenn man mit optischen Mitteln keine Sterne mehr sieht. Andererseits wird aber die großräumige Verteilung des neutralen Wasserstoffs zu Recht auch als grober Indikator für das Vorkommen von Sternen angesehen, die sich aus diesem Gas bilden.

Weitere Untersuchungen zeigten schließlich, dass die spiralige Wasserstoffstruktur zugleich auch die Verteilung junger Sterne gut beschreibt, die sich von den Orten ihrer Entstehung noch nicht nennenswert entfernt haben. Radioastronomische Messmethoden haben auch dazu geführt, die Bewegungsverhältnisse des Sternsystems kennen zu lernen, wobei sich zeigte, dass sich die gesamte Galaxis in Rotation befindet.

Der Begriff «kennen lernen» darf nicht darüber hinwegtäuschen, dass unser Wissen auf diesem Gebiet noch große Lücken aufweist. Das liegt einerseits wieder an der interstellaren Materie, aber auch an noch fehlenden aufwändigen Untersuchungen bestimmter Objekte. Zudem bestimmt man die Entfernungen von Gasmassen in großen Distanzen aus dem Rotationsgesetz des Systems. Es ist aber keineswegs klar, ob es ein einheitliches Gesetz für die Bewegung aller Massen des Systems überhaupt

Abb. 19: Infrarotaufnahme der Milchstraße durch den Satelliten COBE

gibt, und insbesondere, ob die Gasmassen dasselbe Bewegungs-
verhalten zeigen wie die Sterne. Gesichert hat die Forschung
bisher die Existenz von drei Spiralarmen. Es sind aber zweifellos noch weitere vorhanden. Die genannten drei Spiralarme heißen nach den Sternbildern, in deren Richtung sie liegen: Perseus-Arm, Sagittarius-Arm (Sternbild Schütze) und Orion-Arm,
auch Lokaler Arm genannt.

Der Perseus-Arm ist am besten untersucht, weil das Sternbild
Perseus am nördlichen Himmel steht, wo sich bis in die jüngere
Vergangenheit auch die meisten großen Teleskope befanden.
Außerdem weist der Perseus in Richtung zum Rand der Galaxis, d.h., wir haben es mit keinerlei weiteren störenden «Hin-
tergrund»-Strukturen zu tun. Im Perseus-Arm befinden sich u. a.
auch die beiden offenen Sternhaufen h und chi sowie noch weitere jüngere Sternhaufen und sogar Geburtsstätten von Sternen.
In diesen Regionen ist der Prozess der Sternentstehung heute
noch im Gange. Beobachtet werden diese Bereiche vor allem im
Infraroten und mit Radioteleskopen. Auch die Überreste bereits
«gestorbener» Sterne gehören zum Perseus-Arm, etwa der
Krebs-Nebel im Sternbild Stier. Er entstand als Folge der Explosion einer Supernova im Jahr 1054, die damals von chinesischen
Astronomen beobachtet wurde.

Der Sagittarius-Arm ist ungleich schwieriger zu erforschen, da wir hier direkt in Richtung Zentrum der Galaxis schauen. Die Objekte türmen sich in der Projektion auf die Sichtrichtung in einer solchen Fülle übereinander, dass es besonders auf genaue Distanzkenntnisse ankommt. Hier macht uns erneut die ungenügende Kenntnis des Rotationsgesetzes zu schaffen. Bei den Objekten des Sagittarius-Armes kann es auch vorkommen, dass wir vor der Frage stehen: Handelt es sich um ein schwaches nahe gelegenes Objekt oder um ein weit entferntes helles? Zahlreiche prachtvolle Nebelgebiete, die ihre ganze Schönheit erst unter Einsatz von Großteleskopen in Farbe entfalten, zieren den Sagittarius-Arm. Auch eines der größten Sternentstehungsgebiete unserer Galaxis ist hier zu finden: der Carina-Nebel. Obwohl er rd. 10 000 Lichtjahre von uns entfernt steht, überdeckt er die doppelte Vollmondfläche am (südlichen) Himmel. Hieran können wir ermessen, welch immense Ausdehnung dieser Gas- und Staubnebel, in dem sich auch zahlreiche junge Sterne befinden, in Wirklichkeit haben muss. Tatsächlich erstreckt er sich längs des Spiralarms über 5000 Lichtjahre!

Dem Orion-Arm gehören wir mit unserer Sonne selbst an, deshalb auch die Bezeichnung «Lokaler Arm». Er verläuft aus der Richtung des Sommersternbildes Schwan, schlängelt sich an uns vorbei und zielt in Richtung auf das Sternbild «Segel des Schiffes» (Vela). Weil wir ein Teil von ihm sind, erstreckt sich der Lokale Arm in zwei entgegengesetzte Richtungen. Alle hellen Objekte unseres Firmaments gehören praktisch zum Orion-Arm, natürlich auch die Region um das Sternbild Orion selbst mit dem ausgedehnten Orion-Nebel, der riesigen Molekülwolke, in der sich immer noch neue Sterne bilden und deren Massevorrat für etwa 100 000 Sterngeburten ausreicht.

Beim Blick in die andere Richtung – zum Schwan – begegnen uns ähnliche Probleme wie schon beim Studium des Sagittarius-Armes. Ausgedehnte Dunkelwolken machen sich schon bei der Beobachtung der Milchstraße mit dem bloßen Auge bemerkbar: Die Teilung des Milchstraßenbandes in den Bildern Schwan und Adler geht auf deren Konto. Interessant ist es, die Tiefe des Raumes zu erahnen, wenn wir uns der verschiedenen scheinbaren Ausdehnung der Dunkelgebiete zuwenden: Im Schwan sind die dunklen Gebiete noch schmal, zum Adler hin zeigen sie eine deutliche Verbreiterung. Dabei handelt es sich tatsächlich um einen perspektivischen Effekt. Die schmaleren Teile sind weiter entfernt, während die Staubmassen in den Bildern Adler und dem benachbarten Schlangenträger (Ophiuchus) unmittelbar in unserer räumlichen Nachbarschaft vorbeilaufen. Unser Blick schweift quasi entlang einer gigantischen kosmischen «Stauballee», die sich nach hinten perspektivisch verjüngt, obschon sie in Wirklichkeit überall etwa die gleiche Breite besitzt.

Dass unsere Galaxis eine spiralförmige Struktur aufweist, ist nicht ohne weiteres verständlich. Da sich das System in Rotation befindet, wobei sich die äußeren Partien langsamer, die inneren schneller bewegen, sollten sich die Spiralarme eigentlich in relativ kurzer Zeit aufwickeln und somit verschwinden. Dieses Problem beschäftigt die Forschung bereits seit Jahrzehnten. Nach der gegenwärtig weitgehend akzeptierten Theorie werden die Spiralen nicht als eine stoffliche Struktur, sondern als eine Dichtewelle angesehen. Wie bei einem Stau auf der Autobahn sind die Spiralarme Gebiete erhöhter Dichte in der galaktischen Scheibe. Die Sterne sind den einzelnen Autos beim Stau vergleichbar, die ihn vorne verlassen und hinten in ihn hineinfahren, um ihn dann mit verminderter Geschwindigkeit zu durchmessen. Bewegt sich das Gas durch die Gebiete erhöhter Dichte, wird es stark zusammengedrückt, was zur Entstehung von Sternen führt. Bestätigt wird diese Theorie durch die räumliche Lage der Sternentstehungsgebiete und der extrem jungen Sterne: Sie befinden sich sämtlich in den Spiralarmen.

Allerdings wissen wir bis heute noch nicht, wie diese Dichtewelle entsteht und auf welche Weise sie sich erhalten kann. Dass es sich aber um eine weit verbreitete Erscheinung im gesamten Universum handelt, ersehen wir aus den zahlreichen spiralförmigen Galaxien außerhalb unseres eigenen Milchstraßensystems (siehe S. 64 f.).

Ein besonderes Problem der Forschung stellte seit jeher das Zentrum der Galaxis dar. Bedingt durch die Position unserer Sonne in der Galaxis, weit entfernt vom Zentrum im Orion-

Arm, ist uns der unmittelbare Blick in die zentralen Gebiete versperrt. Dass es hier jedoch Sonderbares zu entdecken gab, wurde bereits klar, als man in den fünfziger Jahren des 20. Jahrhunderts mit radioastronomischen Methoden erste starke Radioquellen nachwies. Heute wissen wir bereits wesentlich mehr über das galaktische Zentrum und können feststellen, dass sich dieses Gebiet von allen anderen Regionen wesentlich unterscheidet. Etwa 3000 Lichtjahre um den «Mittelpunkt» des Systems treffen wir auf ein extrem dicht mit Sternen besetztes Sphäroid, in dessen Äquatorebene eine Gasscheibe mit enormen Geschwindigkeiten rotiert. Dann folgt ein sehr kleines Gebiet von etwa 10 Lichtjahren Ausdehnung, in dem die Sterne zehn Millionen Mal so dicht angeordnet sind wie in der Umgebung unserer Sonne. Im Zentrum dieses Sternhaufens befindet sich nach neuesten Erkenntnissen ein Schwarzes Loch. Es beherbergt eine Masse von knapp 4 Millionen Sonnenmassen, die in einem Volumen von der Größe unseres Sonnensystems zusammengedrängt ist.

Gesamteigenschaften des Systems

In unserem Milchstraßensystem befinden sich etwa 180 Milliarden Sonnenmassen. Der Abstand unserer Sonne vom galaktischen Zentrum beträgt rd. 28000 Lichtjahre. Die Sonne bewegt sich mit einer Geschwindigkeit von 220 km/s in 240 Millionen Jahren auf einer kreisförmigen Bahn einmal um das Zentrum. Der Durchmesser des Systems beträgt rd. 110000 Lichtjahre, seine «Dicke» im Zentralbereich rd. 16000 Lichtjahre.

Zur Beschreibung der gemessenen kinematischen Daten werden verschiedene Modelle benutzt. Ein häufig verwendetes, vergleichsweise einfaches Modell beschreibt das System als eines, das aus drei ineinander geschachtelten geometrischen Körpern besteht: Den innersten Bereich bildet die Zentralregion mit hoher Dichte; sie enthält rd. 7 Millionen Sonnenmassen, von denen 4 Millionen auf das Schwarze Loch im Zentrum entfallen. Den großräumigen umgebenden Bereich bildet ein abgeplattetes Rotationsellipsoid mit einem Durchmesser von 65000 Lichtjahren und einer «Dicke» von rd. 3500 Lichtjahren. Die Dichte nimmt von innen nach außen ab. Dieses Ellipsoid enthält etwa 82 Milliarden Sonnenmassen. Es ist umgeben von einer Hülle mit sehr stark abfallender Dichte nach außen und einer Gesamtmasse von rd. 93 Milliarden Sonnenmassen.

Etwa die Hälfte der Gesamtmasse der Galaxis liegt innerhalb des Abstandes der Sonne vom Mittelpunkt des Systems.

Im Draufblick zeigt die Galaxis eine ausgeprägte Spiralstruktur mit wahrscheinlich insgesamt fünf Spiralarmen, die von den Enden eines «Balkens» (Bulge) ausgehen, der wahrscheinlich eine eigene Entwicklungsgeschichte aufweist, über die noch wenig bekannt ist.

Das Gesamtsystem liegt eingebettet in einen kugelförmigen Raum (Halo), der durch das Auftreten der Kugelsternhaufen definiert wird. Der galaktische Halo ist von einem mit sehr dünnem Wasserstoffplasma angefüllten Raum umschlossen, dessen Durchmesser etwa 300 000 Lichtjahre beträgt.

3. In den Tiefen des Alls:
andere Sternsysteme

Jenseits unseres Sternsystems ist der kosmische Raum angefüllt mit weiteren Galaxien. In dem von uns überschaubaren Teil des Universums befinden sich mehrere hundert Milliarden von Galaxien! Dass viele der schon früh beobachteten nebelartigen Objekte in Wirklichkeit Sternsysteme von gewaltiger Dimension sind, wurde allerdings erst im Jahre 1923 sichergestellt, als es Edwin Hubble mit dem damals größten Spiegelteleskop der Welt, dem Hooker-Spiegel des Mt.-Wilson-Observatoriums in den USA, gelang, die Randpartien des Andromeda-Nebels in Einzelsterne aufzulösen. Hubble entdeckte dort u. a. auch Veränderliche Sterne, die zur Bestimmung der Entfernung des Nebels geeignet waren. So konnte er nachweisen, dass der Andromeda-Nebel sich weit außerhalb unseres Sternsystems befindet. Damals entstand die neue Disziplin der extragalaktischen Forschung.

Da die extragalaktischen Sternsysteme in sehr verschiedenartigen Formen auftreten, schuf bereits Hubble ein Klassifikationssystem, das später noch modifiziert und verfeinert wurde.

Er unterschied die regelmäßigen (rotationssymmetrischen) Systeme von den irregulären und unterteilte die regelmäßigen Systeme nach ihrem äußeren Anblick in elliptische und Spiralsysteme, Letztere noch in gewöhnliche und Balkenspiralsysteme mit mehreren Untergruppen.

Erst mittels radioastronomischer Methoden wurden die so genannten Quasare entdeckt, die sich ausnahmslos in sehr großen Distanzen befinden. Es handelt sich um gleichsam sternförmig aussehende Objekte (Quasi Stellar Radio Sources). Die optische Strahlung stammt mitunter nur aus einem Gebiet von der Größe unseres Sonnensystems, strahlt aber mit einer Leistung, die jene unseres gesamten Sternsystems um einen Faktor bis zu 10 000 übertreffen kann. Heute wissen wir, dass es sich bei den Quasaren um extrem stark strahlende Kerne von Galaxien in frühen Entwicklungsstadien handelt.

Drei extragalaktische Systeme befinden sich in unserer unmittelbaren «Nachbarschaft» und können mit dem bloßen Auge gesehen werden: die beiden Magellan'schen Wolken und der Andromeda-Nebel.

Die Magellanschen Wolken

Die Magellanschen Wolken sind am südlichen Sternhimmel als zwei matt schimmernde neblige Objekte von irregulärer Struktur mit dem bloßen Auge zu erkennen und bieten im Fernglas einen faszinierenden Anblick.

Die Große Magellansche Wolke (Large Magellanic Cloud, LMC) erscheint unter einem Winkeldurchmesser von 12° (24 Vollmonddurchmesser) und befindet sich in großem Winkelabstand von der Milchstraßenebene. Die Kleine Magellansche Wolke (Small Magellanic Cloud, SMC) weist einen Winkeldurchmesser von etwa 4° auf. Beide Objekte sind nach dem ersten Weltumsegler, Fernão de Magelhães (Magellan), benannt, dessen Reiseberichterstatter sie (wenn auch nicht als Erste) beschrieben haben.

Die beiden Magellanschen Wolken sind «Vororte» unserer Galaxis. Ihre Distanzen sind mit rd. 170 000 Lichtjahren (LMC) und

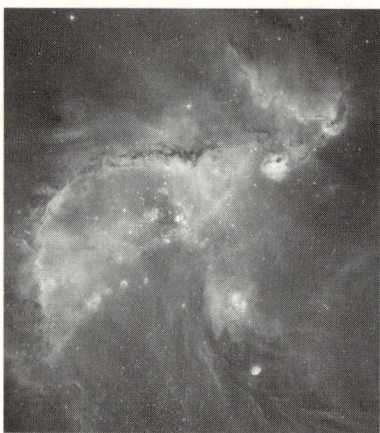

Abb. 20: Der offene Sternhaufen
NGC 346 mit zahlreichen gerade
entstehenden Sternen in der
Kleinen Magellanschen Wolke

200 000 Lichtjahren (SMC) vergleichsweise gering. Sie befinden sich fast innerhalb des von Wasserstoffplasma erfüllten Raumes, der unser Milchstraßensystem umgibt. Und tatsächlich ist unsere Galaxis auch durch Wasserstoffbrücken mit den beiden Objekten verbunden, ebenso wie auch die Wolken untereinander.

In der Großen Wolke befinden sich zahlreiche helle Emissionsnebel, heiße junge Sterne und rd. 6500 offene Sternhaufen. Die Gruppen junger Sterne sind von gewaltigen hellen Gasnebeln umgeben. Ein besonders eindrucksvolles Gebiet dieser Art ist der Tarantel-Nebel, in dem sich mehr als 100 000 junge Sterne befinden. Hier ist offenbar in jüngerer Vergangenheit eine intensive Produktion von Sternen abgelaufen, die auch gegenwärtig noch anhält. Das bedeutet aber nicht, dass die Wolke selbst jung ist. Vielmehr deutet das Vorkommen anderer Objekte, insbesondere zahlreicher Kugelsternhaufen, auf ein beträchtliches Alter von mehreren Jahrmilliarden hin. Auch in der Kleinen Wolke finden wir viele junge Objekte, aber der Anteil älterer Gebilde ist hier deutlich größer als in der LMC.

Der lineare Durchmesser der Großen Magellanschen Wolke beträgt etwa 21 000 Lichtjahre. Sie beherbergt rd. 10 Milliarden Sonnenmassen, die Kleine Wolke mit knapp 10 000 Lichtjahren Durchmesser hingegen nur 2 Milliarden.

Der Andromeda-Nebel

Der Andromeda-Nebel erscheint am Himmel in großen Teleskopen als eine elliptische neblige Scheibe mit einem Winkeldurchmesser von 4,2°. Da er im Katalog nebliger Objekte von Charles Messier aus dem Jahr 1771 unter der Nummer 31 verzeichnet ist, wird er auch als M 31 bezeichnet. In kleineren Fernohren oder mit dem bloßen Auge ist seine scheinbare Ausdehnung deutlich geringer. Der Abstand des Objektes beträgt nach neuesten Messungen knapp 3 Millionen Lichtjahre. Sein Durchmesser liegt bei 150 000 Lichtjahren und seine Masse bei 300 Milliarden Sonnenmassen.

Wir blicken von der Erde aus unter einem Winkel von 13° gegen die Äquatorebene des Systems, wodurch der Anblick entsprechend verzerrt wird. Dennoch ist unschwer zu erkennen, dass es sich bei M 31 um ein spiralförmiges Sternsystem handelt. Er wird oft als die große Schwester unserer eigenen Galaxis bezeichnet. Dadurch hat seine Erforschung auch wesentlich dazu beigetragen, das eigene Sternsystem besser zu verstehen,

Abb. 21: Der Andromeda-Nebel
(M31)

da wir doch hier die Gelegenheit haben, auf ein ähnliches System «von außen» zu blicken. Auch im Andromeda-Nebel finden wir in den Spiralarmen eine hohe Dichte von neutralem Wasserstoff, Staubstreifen und jungen, heißen Sternen.

Die Ähnlichkeit des Andromeda-Nebels mit unserer Galaxis erstreckt sich auch auf seine Begleitsysteme: Wie bei uns die Magellanschen Wolken, so finden wir auch bei M 31 zwei kleinere Begleiter, die schon mit Ferngläsern und kleinen Teleskopen gesehen werden können. Sie enthalten 4 bzw. 8 Milliarden Sonnenmassen und zählen zu den elliptischen Galaxien.

In jüngster Zeit sind mit Hilfe radioastronomischer Methoden umfangreiche Kartierungen von M 31 vorgenommen worden, die zur genauen Kenntnis der Spiralarmstrukturen geführt haben. Dabei wurden auch zahlreiche turbulente Molekülwolken in der Nähe junger Sterne entdeckt, die unsere Vorstellungen von der Rolle dieser Wolken bei der Sternentstehung bestätigt und präzisiert haben.

Die Sternsysteme bewegen sich natürlich im Raum. Und obschon ihre Abstände – gemessen an ihren Durchmessern – groß sind, kommt es doch gelegentlich zu «Karambolagen». So zeigen z. B. Modellrechnungen, dass der Andromeda-Nebel sich in etwa 5 Milliarden Jahren so nahe an unserer Galaxis vorbeibewegen wird, dass diese Begegnung für die beiden Systeme nicht ohne Folgen bleiben kann. Die Sterne selbst sind, auch bei sich gegenseitig durchdringenden Systemen, nicht betroffen, wohl aber die Gasmassen. Das Gas wird durch die Schwerkraftwirkung aus den Spiralen förmlich hinausgefegt. Die Spiralstruktur geht völlig oder teilweise verloren, dort ablaufende Sternentstehungsprozesse kommen zum Erliegen. Schockwellen können aber auch neue Bildungsvorgänge auslösen, so dass sich in den beiden beteiligten Galaxien völlig andere großräumige Strukturen herausbilden. Es gilt übrigens als sicher, dass unsere Galaxis in ferner Vergangenheit zumindest eine solcher kannibalistischen Begegnungen bereits erlebt hat.

Großräumige Verteilung der Galaxien

Die Untersuchung der Distanzen der einzelnen Galaxien hat zu der Erkenntnis geführt, dass ihre Verteilung alles andere als gleichmäßig ist. Sie sind vielmehr in Haufen angeordnet, die teilweise bis zu 10 000 Mitglieder enthalten. Solche Galaxienhaufen bilden wiederum Superhaufen, d. h. Haufen von Haufen, mit entsprechend noch viel größerer Mitgliederzahl. Galaxien, die als isolierte Individuen für sich in den Tiefen des kosmischen Raumes schweben, sind äußerst selten. In ganz großen kosmischen Skalen finden wir eine wabenartige Struktur vor. Es handelt sich um aneinander stoßende «Zellen», deren Inneres keine leuchtende Materie erkennen lässt. Die Zellwände werden von einer dünnen Galaxienschicht gebildet. In den Wänden finden sich auch Verstärkungen. Solche Haufenketten laufen in sehr objektreichen Knoten zusammen, den Superhaufen, in dessen Zentrum sich meist ein markanter Galaxienhaufen befindet. Die einzelnen Zellen haben Durchmesser von bis zu 300 Millionen Lichtjahren! Es sind die größten uns bekannten Strukturen

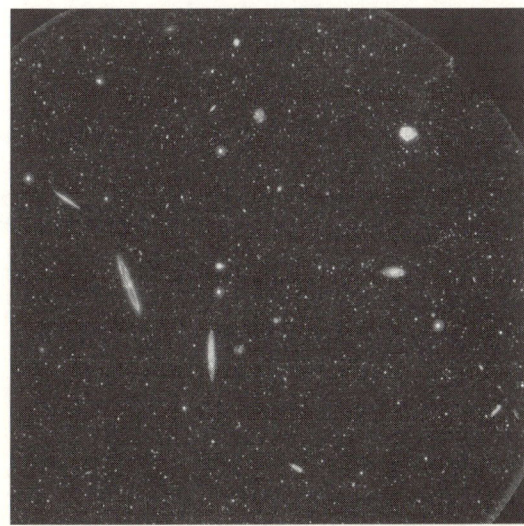

Abb. 22:
Ausschnitt aus
dem Virgo-
Galaxienhaufen

im Universum. Man weiß heute, dass sich diese Strukturen schon in einer sehr frühen Phase der Entwicklung des Universums gebildet haben und sich später mit der Expansion des Raumes vergrößerten (siehe Seite 81).

Auch unsere Galaxis gehört einem Superhaufen an, dessen Zentrum sich etwa 36 Millionen Lichtjahre von uns entfernt befindet und der als Virgo-Haufen bezeichnet wird, weil sich die zu ihm gehörenden Sternsysteme – von uns aus gesehen – im Sternbild Virgo (Jungfrau) befinden. Zum Virgo-Superhaufen gehören mehrere Galaxienhaufen, und am Rande dieser Ansammlung befindet sich die Lokale Gruppe, der unsere Galaxis zugehört.

Die Lokale Gruppe besteht aus etwa 30 Galaxien, die auf ein Volumen von rd. vier Millionen Lichtjahren Durchmesser verstreut sind. Natürlich sind auch die Magellan'schen Wolken und der Andromeda-Nebel Mitglieder der Lokalen Gruppe. Die meisten anderen Galaxien sind recht kleine Gebilde mit Ausnahme des Triangulum-Nebels (M33) und der Galaxie Maffei 1. Da auch in jüngerer Vergangenheit noch neue Mitglieder der Lokalen Gruppe entdeckt wurden, geht man davon aus, dass möglicherweise noch weitere, bisher unbekannte Objekte in diesem Bereich existieren.

II. Die Lebensgeschichte
des Kosmos

Dass wir Menschen heute in der Lage sind, die allein zeitlich unvorstellbare Lebensgeschichte des Universums wenigstens in groben Zügen zu verstehen und zu beschreiben, ist eine höchst erstaunliche Tatsache. Erst seit wenigen tausend Jahren betreiben wir auf diesem Planeten Wissenschaft, während das Weltall auf eine Historie von etwa 14 Milliarden Jahren zurückblicken kann. Woher wollen wir wissen, was damals geschah, als es weder Sterne noch Sternsysteme, geschweige denn Planeten oder Lebewesen gegeben hat? Wir wissen es aus Beobachtungen in unseren physikalischen Labors auf der Erde, aus Beobachtungen der Objekte des Weltalls, aber ebenso dank theoretischer Schlussfolgerungen, die wir mit Hilfe der Mathematik und anderer Wissenschaften aus diesen Beobachtungen ziehen.

Wenn die Naturwissenschaft ein Szenario der Geschichte des Universums entwirft, so muss dieses ihren eigenen Ansprüchen genügen: Wir dürfen uns nur im Rahmen der bekannten Naturgesetze bewegen und müssen zu einem konsistenten, d.h. in sich widerspruchsfreien Bild gelangen. Es dürfen also keinerlei Beobachtungstatsachen bekannt sein, die zu dem entworfenen Bild im Widerspruch stehen, und wir dürfen auch nicht auf «ausgedachte» Gesetze zurückgreifen, selbst wenn uns diese noch so gut passen würden. Das ist uns bis heute lediglich näherungsweise gelungen. Mehr können wir aber auch nicht erwarten. Wir nähern uns der Wahrheit nur ganz allmählich an, und jede neue Erkenntnis, die frühere Erkenntnisse entweder verwirft oder relativiert, ist ein solcher Schritt in Richtung Wahrheit. Die ganze Wahrheit über die Totalität des Wirklichen werden wir aber vermutlich nie erkennen können.

Die moderne wissenschaftliche Kosmologie geht von zwei grundlegenden Annahmen aus: dem Prinzip der Homogenität

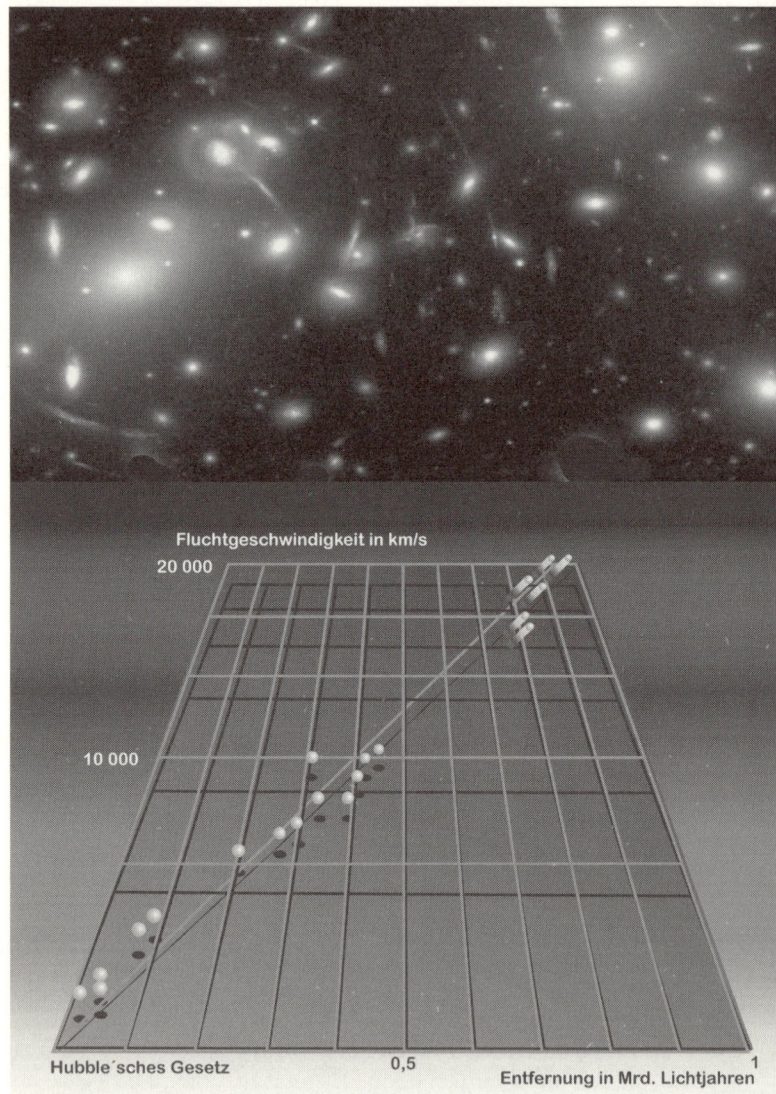

Abb. 23: Darstellung des Hubble-Gesetzes

und dem Prinzip der Isotropie. Das erste besagt, dass die mittlere Materiedichte überall im Universum konstant und damit die Materieverteilung an jedem Ort dieselbe ist. Isotropie bedeutet, dass es im Weltall keine bevorzugten Richtungen gibt. Das bedeutet, dass *wir* uns an keinem *besonderen* Ort im Universum befinden, sondern von jedem anderen Ort des Weltalls dieselben Feststellungen treffen könnten.

Die wissenschaftlich begründete Kosmologie begann mit Einsteins Allgemeiner Relativitätstheorie (1915) einerseits und mit der Entdeckung der «Nebelflucht» (1929) andererseits.

Einsteins Theorie des Gravitationsfeldes beschäftigt sich mit der einzigen uns bekannten weitreichenden universellen Wechselwirkung, der «Schwerkraft». Sie sollte demnach prädestiniert sein, einen Beitrag zu der Frage nach der Struktur und gegebenenfalls Entwicklung des Weltalls als Ganzes zu leisten. Nachdem Einstein selbst bereits unmittelbar nach der Veröffentlichung seiner Theorie einen entsprechenden Versuch unternommen hatte, war seit 1922 klar, dass der Kosmos sich als Ganzes entweder ausdehnen oder zusammenziehen muss. Diese damals von vielen als paradox angesehene Schlussfolgerung aus Einsteins Theorie erfuhr jedoch durch eine sensationelle Entdeckung der beobachtenden Astrophysik eine glänzende Bestätigung: Im Jahre 1929 fand Edwin Hubble durch die Untersuchung der Spektren extragalaktischer Systeme, dass sich alle Galaxien im Mittel «von uns» fortbewegen, und zwar mit umso größerer Geschwindigkeit, je weiter sie von uns entfernt sind. Dieses Hubble'sche Gesetz der Nebelflucht konstatiert ein Auseinanderstreben der Galaxien, bei der Proportionalität zwischen Distanz und Geschwindigkeit besteht. «Was haben wir denn an uns», fragte damals der britische Astrophysiker A. S. Eddington scherzhaft, «dass alle Galaxien von uns Reißaus nehmen, als wären wir eine Pestbeule im Weltall?» Doch es scheint nur so, als würden wir das «Zentrum» dieser Bewegung darstellen. In Wirklichkeit könnte jeder Beobachter an jeder anderen Stelle des Universums mit denselben technischen Hilfsmitteln im vierdimensionalen Einstein'schen Raum-Zeit-Kontinuum dasselbe feststellen. Praktisch bedeutete diese Entdeckung, dass sich das

Weltall in Expansion befindet. Die sich vergrößernden Distanzen der Galaxien sind gleichsam ein Indiz für die Ausdehnung der Raumzeit selbst.

I. Der Urknall

Kennt man die Geschwindigkeiten, mit der sich die Galaxien voneinander entfernen, so kann man ausrechnen, zu welchem Zeitpunkt ihre Fluchtbewegung angefangen hat. Man kommt bei solchen Berechnungen auf einen Zeitpunkt, der etwa 13,7 Milliarden Jahre zurückliegt. Damals muss das Universum viel kleiner, die Materie viel dichter «gepackt» und viel heißer gewesen sein. Solche Überlegungen führten schließlich zur Hypothese vom «Urknall» (Big Bang), aus dem das heutige Universum hervorgegangen sei. Alle Massen des Universums wären damals in einem Punkt vereinigt gewesen, in dem unendlich hohe Dichte und Temperatur herrschten.

Um es an dieser Stelle gleich vorwegzunehmen: Diesen Augenblick «Null» hat es wahrscheinlich nie gegeben. Es handelt sich um eine «Singularität», die wir mit unseren Naturgesetzen nicht beschreiben können. All unsere Physik und Mathematik führt uns nur bis auf 10^{-43} Sekunden, die so sogenannte Planck-Ära, an diesen Zeitpunkt heran. Damals betrug die Dichte 10^{92} gcm³ und die Temperatur 10^{32} Kelvin. Was zuvor gewesen ist, wissen wir nicht. Jedenfalls gab es auch noch nicht die vier alles Geschehen im Weltall beherrschenden Naturkräfte (Gravitation, Kernkraft, elektromagnetische Kraft und schwache Wechselwirkung). Sie waren alle in einer einzigen Superkraft vereinigt. Es herrschte vollkommene Symmetrie. Natürlich waren damals auch noch keine Elementarteilchen oder Atome und erst recht keine Sternsysteme und Sterne vorhanden.

Der Ursprung des Universums wird gegenwärtig am besten mit einer Symmetriebrechung der so genannten Quantenvakuumfluktuation erklärt (siehe S. 91 f.).

Dank der Erfolge der Elementarteilchenphysik können wir jedoch die weitere Entwicklung *nach* dem Ende der Planck-Ära mit unseren heutigen physikalischen Theorien durchaus beschreiben. Ob diese Beschreibungen richtig sind, lässt sich nur

feststellen, wenn wir aus unseren Vorstellungen über die frühesten Anfänge des Universums Tatbestände herleiten, die sich
noch heute beobachten lassen und für die es keine anderen
schlüssigen Erklärungen gibt. Das ist tatsächlich auf wichtigen
Feldern gelungen. Deshalb können wir mit einigem Vertrauen
zwar nicht auf den «Urknall» selbst bauen, aber doch auf die
«Urknall»-Theorie ab dem Ende der Planck-Ära. Dann nämlich
begann tatsächlich nicht nur die Geschichte all jener vielfälti-
gen Objekte, die wir heute wahrnehmen, sondern auch die Geschichte von Raum und Zeit selbst.

Das Beweismaterial für die «Urknall»-Hypothese ist heute so
erdrückend, dass alle anderen konkurrierenden Ideen zur Erklärung von Herkunft und Evolution des Universums in den Hin-
tergrund getreten sind (siehe S. 80 ff.). Dennoch sollten wir auch
in diesem Fall darauf gefasst sein, dass noch völlig neue Beobachtungsdaten auftauchen könnten, die uns zwingen, das gegenwärtige Bild der Geschichte des Kosmos wieder umzuschrei-
ben. Es wäre nicht das erste Mal.

2. Die ersten Minuten

Schon in der allerersten Sekunde des Universums nach der
Planck-Zeit ist unwahrscheinlich viel geschehen, und es wurden
entscheidende Merkmale des heutigen Universums ausgeprägt.

Ein spektakulärer Vorgang von weitreichender Bedeutung
war die inflationäre Phase der Expansion, die sich zwischen
10^{-35} und 10^{-33} Sekunden nach dem Urknall abspielte. In dieser
unvorstellbar kurzen Zeit wuchs der Durchmesser des Universums auf das 10^{90}fache seines vorherigen Betrags! Zwei Raum-
punkte, die vor diesem explosionsartigen Vorgang nur einen
Zentimeter voneinander entfernt waren, trennten danach
100 Lichtjahre! Diese Kosmische Inflation erklärt wesentliche
Eigenschaften des heutigen Universums (siehe S. 82). Anschlie-
ßend erfolgte die weitere, jedoch viel langsamere Expansion,
und mit dieser Ausdehnung des Universums sanken die Temperaturen. Schon eine Sekunde nach Beginn der Expansion
herrschten «nur noch» etwa 10 Milliarden Kelvin. Dieser im-

mer noch völlig unvorstellbare Wert übertrifft die Temperaturen im Inneren der heißesten Sterne etwa um den Faktor 100. Bei diesen hohen Temperaturen bestand das Universum aus einer «undifferenzierten Suppe von Materie und Strahlung», und es spielten sich exotische Vorgänge ab.

Der gesamte damals noch sehr kleine Raum war von Strahlung (E) erfüllt, aus der nach Einsteins berühmter Formel $E = mc^2$ ständig Teilchen verschiedener Masse (m) entstanden (Protonen, Neutronen, Elektronen), und zwar paarweise: ein Teilchen und ein Antiteilchen. Ein Antiteilchen gleicht dem entsprechenden Teilchen in allen Eigenschaften, außer darin, dass es die entgegengesetzte Ladung trägt. Wegen der hohen Energie der Strahlung (Photonen) entstanden auch sehr massereiche Teilchen. Diese zerstrahlten aber infolge der damals häufig stattfindenden Begegnungen der Teilchen untereinander gleich wieder, wie dies stets geschieht, wenn ein Teilchen und sein Antiteilchen zusammentreffen.

Wäre die Zahl der Teilchen und ihrer Antiteilchen exakt gleich gewesen, hätte es zum Schluss nur einen reinen Strahlungskosmos gegeben, in dem sich niemals Sternsysteme und Sterne hätten bilden können. Doch die Zahl der Teilchen lag geringfügig über jener der Antiteilchen (auf 1 Milliarde Antiteilchen kamen 1 Milliarde plus 1 Teilchen!), so dass schließlich außer der Strahlung die Teilchen der uns bekannten Materie übrig blieben: Elektronen, Protonen, Neutronen und Neutrinos. Zwei Protonen können sich unter normalen Verhältnissen nicht miteinander verbinden. Sie besitzen die gleiche Ladung und stoßen sich gegenseitig ab. Herrschen jedoch sehr hohe Temperaturen in der Größenordnung von Milliarden Grad, treffen die Teilchen mit enormen Geschwindigkeiten aufeinander und kommen sich so nahe, dass die *Kernkraft* wirkt, welche nur eine sehr geringe Reichweite besitzt. Die Protonen bleiben dann aneinander haften und bilden neue, schwerere Atomkerne. Die Vorgänge, die dabei ablaufen, sind uns aus irdischen Laborexperimenten bekannt. Protonen verwandeln sich dabei ebenfalls in Neutronen, die sich wiederum anlagern. Neben Wasserstoffatomkernen bilden sich so Kerne von schwerem Wasserstoff und verschiedene Arten von Heliumkernen nebst Lithiumkernen. Das funktioniert aber nur in einem relativ kleinen Temperaturbereich und geschah, als das Universum etwa drei Minuten alt gewesen ist.

3. 400 000 Jahre später

Danach waren die Temperaturen bereits zu gering, um weitere Fusionsprozesse ablaufen zu lassen. Somit stand das Mischungsverhältnis der leichten Elemente im Kosmos fest. Doch neutrale Atome entstanden damals noch nicht. Für den Einfang frei herumfliegender Elektronen durch die Atomkerne waren die Temperaturen noch zu hoch. Bildete sich beispielsweise ein Wasserstoffatom durch die Vereinigung eines Protons mit einem Elektron, so sorgten die energiereichen Photonen sogleich dafür, dass die beiden Elementarteilchen wieder getrennt wurden. Demnach war der expandierende Raum von einem Gemisch aus positiv und negativ geladenen Elementarteilchen erfüllt, einem so genannten Plasma. Die vorhandene Strahlung (Photonen) konnte sich aber noch nicht ausbreiten, weil die Energiequanten des Lichts unablässig an den geladenen Teilchen gestreut wurden. Der Kosmos war folglich damals undurchsichtig. Dieser Zustand blieb – gemessen an dem dramatischen Geschehen innerhalb der ersten drei Minuten seiner Existenz – unwahrscheinlich lange unverändert erhalten. Erst nach 400 000 Jahren war die Abkühlung des Universums infolge der Expansion so weit fortgeschritten, dass es zur Bildung neutraler Atome kommen konnte. Die Temperatur war auf 3000 Kelvin gesunken, und das Weltall wurde nunmehr durchsichtig. Es bestand aus einem leuchtenden «Urgas», in dem es lediglich Wasserstoff und Helium sowie geringe Beimengungen von Lithium gab.

Aus diesem expandierenden Urgas, dessen Temperatur mit der Ausdehnung des Weltalls immer weiter abnahm, müssen sich wohl oder übel die Galaxien gebildet haben. Aber wie?

Man geht heute davon aus, dass die Dichte innerhalb des Urgases nicht überall gleich gewesen ist. Diese auch messtechnisch nachgewiesenen Dichteanomalien (siehe S. 81) waren der Auslöser für die Entstehung von Galaxienhaufen. Große, langsam rotierende Gasmassen mit erhöhter lokaler Dichte ziehen immer mehr Gas aus der Umgebung auf sich, so dass durch die immer weiter zunehmende Dichte der Prozess der Sternbildung in Gang kommt. Die hohe Sternbildungsrate in der Jugend einer Galaxie bringt vor allem sehr viele massereiche Sterne hervor, die wiederum eine kurze Lebenszeit besitzen und dann als Supernovae explodieren. Die im Inneren dieser massereichen Sterne synthetisierten schweren Elemente werden in den Raum geschleudert. So sorgen diese Supernovae relativ früh für eine Anreicherung der noch jungen Galaxie mit schwereren Elementen.

Neue Erkenntnisse, die mit dem Hubble Space Telescope gewonnen wurden, zeigen uns auf einer berühmten Aufnahme, dem *Hubble Deep Field*, Galaxien in unterschiedlichsten Entwicklungsphasen bis an die Grenzen des sichtbaren Universums. Mit dem riesigen Very Large Telescope der Europäischen Südsternwarte (ESO) in Chile gelang die Aufnahme des *Fors Deep Field*. Aus beiden Aufnahmen konnten weit reichende Schlüsse gezogen werden: So ist z. B. zu erkennen, dass der Anteil elliptischer Galaxien in den fernsten (und damit auch frühesten) Haufen deutlich geringer ist als jener der Spiralgalaxien. Er betrug damals nur 30%, heute hingegen 75%. Das legt den Schluss nahe, dass sich die Spiralgalaxien im Laufe kosmischer Zeiträume zu elliptischen Galaxien weiterentwickelt haben. Auch den Grund dieser Entwicklung zeigen Aufnahmen mit dem Hubble Space Telescope: Wir erkennen im frühen Universum zahlreiche gestörte Galaxien. In dem anfangs viel kleineren Universum kam es zu häufigen Kollisionen zwischen den einzelnen Galaxien, durch die sich die Morphologie dieser Gebilde teilweise dramatisch verändert hat. Computersimulationen lassen erkennen, dass sich bei solchen Zusammenstößen die aus kleinen Gaswolken entstandenen Spiralgalaxien in gasarme elliptische Galaxien verwandeln.

Bei der Erklärung des Quasarphänomens kämpfen die Forscher noch immer mit Schwierigkeiten. Einerseits ist man sich sicher, dass sich in den Zentren der Quasare extrem massereiche Schwarze Löcher mit bis zu einigen Milliarden Sonnenmassen befinden. Andererseits fragt es sich, warum schon in einer so frühen Phase der Galaxienbildung so massereiche Schwarze Löcher entstehen konnten. Oder sollten die Quasare von Anfang an wesentlich größere Massen besessen haben als die anderen Galaxien? Diese Riesen könnten schon früh entstanden sein und rasch sehr massereiche Sterne hervorgebracht haben, aus denen Schwarze Löcher wurden. Bei der Bildung des Kernbereichs wurde eine heftige weitere Phase der Sternentstehung ausgelöst (Starburst), und die bereits vorhandenen Schwarzen Löcher konnten ihre Massen zügig vergrößern. Berechnungen zeigen, dass sie in rd. 500 Millionen Jahren eine Masse von ca. einer Milliarde Sonnenmassen erreichen können. Dies ist zumindest eine der Erklärungsmöglichkeiten, die man gegenwärtig für die Entstehung der Quasare in Erwägung zieht.

Die Zeitskala all dieser soeben geschilderten Vorgänge sieht etwa folgendermaßen aus: 400 000 Jahre nach dem Urknall bildet sich das durchsichtige Urgas. Nach 200 Millionen Jahren beginnen die ersten Gaswolken zu kollabieren. Schon nach 700 Millionen Jahren könnten die ersten Quasare aufgeleuchtet sein. In jener Zeit der Urgalaxien gab es häufige Kollisionen, die zu morphologischen Veränderungen der beteiligten Galaxien führten, insbesondere zur Entstehung der ersten elliptischen Galaxien nach rd. 3 Milliarden Jahren. Dadurch veränderte sich das Verhältnis der zunächst zahlenmäßig weit überlegenen Spiralgalaxien zugunsten der elliptischen, die das heutige lokale Universum dominieren.

Die Konsistenz dieses Szenarios wird allerdings in einem wesentlichen Punkt getrübt: Wegen der Expansion des Weltalls verläuft die Bildung der Dichteanhäufungen sehr langsam – zu langsam, um in der zur Verfügung stehenden Zeit erfolgt sein zu können. Es gilt aber heute als sicher – und damit löst sich dieser Widerspruch –, dass der Prozess der Klumpung schon viel früher begonnen hat. Allerdings nicht jener der sichtbaren Materie, die ja zunächst noch gar nicht vorhanden war. Es handelte sich um die *Dunkle Materie* (siehe S. 84 ff.), die in wesentlich größerer Häufigkeit vorkommt und die dann später die sichtbare Materie auf sich zog.

4. Die Beweise

Wenn es um die Geschichte des Universums als Ganzes geht, befinden wir uns in einer besonders schwierigen Situation. Hier handelt es sich um Zeiträume und Szenarien von einzigartigen Ausmaßen. Es mag manchem als vermessen erscheinen, sich solchen Fragen überhaupt zuzuwenden und auf verlässliche Auskünfte zu hoffen. Dennoch hat die Wissenschaft gute Argumente, um die hier nur grob skizzierten (und im Einzelnen bei weitem noch nicht restlos aufgeklärten) Abläufe für richtig zu halten.

Ein wesentlicher Beweis für die Richtigkeit der Urknall-Hypothese ist die kosmische Hintergrundstrahlung, die 1965 entdeckt wurde. Damals stellten A. Penzias und R. Wilson von den Bell Telephone Laboratories beim Test einer Antenne fest, dass sie ein störendes Grundrauschen nicht beseitigen konnten, dessen Herkunft ihnen rätselhaft blieb.

Auf der anderen Seite hatte der US-amerikanische Astrophysiker G. Gamow schon in den vierziger Jahren eine Behauptung aufgestellt, die seither niemand hatte beweisen können. Gamow meinte: Wenn das Universum 400 000 Jahre nach dem Urknall tatsächlich durchsichtig geworden sei und von einem glühenden, strahlenden Gas erfüllt war, dann sollten Relikte dieser Strahlung auch heute noch nachweisbar sein. Das ursprünglich sehr heiße Gas müsste sich durch die Expansion stark abgekühlt haben. Es gelang Gamow sogar, die gegenwärtige Temperatur der von ihm erwarteten Hintergrundstrahlung abzuschätzen. Dabei legte er das beobachtete Mischungsverhältnis der leichten Elemente im Universum seinen Überlegungen zu Grunde und kam auf etwa 5 Kelvin, d. h. auf eine Temperatur, die nur 5 Grad über dem absoluten Nullpunkt von −273,15 Grad Celsius liegt. Wenn das gesamte Universum von einem derart kühlen Photonengas erfüllt ist – so Gamows Prognose –, dann sollten wir aus allen Richtungen des Raumes eine Radiostrahlung empfangen können, deren Wellenlänge im Millimeterbereich liegt. Die genaue Analyse der von Penzias und Wilson empfangenen Strahlung zeigte nun, dass diese der Temperatur eines Schwarzen Strahlers von rund 3 Kelvin entspricht. Damit war eine sensationelle Entdeckung gelungen: das Echo des Urknalls!

Die großräumige Verteilung der Galaxien im Universum folgt bestimmten Verteilungsmustern (siehe S. 69), deren Zustandekommen sich nur dadurch erklären lässt, dass es Vorläufer solcher Muster schon im frühen Universum gegeben hat. Die Urform der heutigen Verteilung der Galaxien sollte sich deshalb im heutigen Mikrowellenhintergrund wiederfinden. Mit anderen Worten: Die Hintergrundstrahlung sollte nicht streng isotrop sein. Doch welche Temperaturschwankungen konnte man erwarten? Diese Frage ist erst durch die Entdeckung der *Dunklen Materie* (siehe S. 84 f.) befriedigend beantwortet worden, und zwar dahingehend, dass die Dunkle Materie bereits Strukturen ausgebildet hatte, bevor das Universum durchsichtig wurde. Demnach sollten die Temperaturschwankungen der Hintergrundstrahlung im Bereich von einigen hunderttausendstel Kelvin liegen. Der Nachweis so geringer Abweichungen von der Gleichverteilung stellt natürlich messtechnisch eine höchst anspruchsvolle Aufgabe dar. Doch mit dem amerikanischen Satelliten *Cosmic Background Explorer* (COBE) gelang es 1992, die extrem geringen Schwankungen der Temperaturen tatsächlich festzustellen. Auch die Energieverteilung der Strahlung wurde dabei mit höchster Präzision vermessen, wobei sich herausstellte, dass sie exakt mit der aus dem Urknall-Modell zu erwartenden Form übereinstimmt. Die ungenügende Auflösung war der einzige Wermutstropfen des COBE-Erfolgs. Die feinsten Details konnten damit noch nicht erfasst werden. Das ist aber inzwischen auf anderem Wege (Ballonexperimente Boomerang und Maxima und Südpolexperiment Dasi) gelungen, weitere Durchmusterungen mit noch höheren Auflösungen werden folgen (*Microwave Anisotropy Probe*, MAP). Alle bisher gemessenen Daten stützen mit hoher Präzision das Urknall-Szenario. Zudem brachten sie zuverlässige Erkenntnisse über die Gesamtdichte des Universums und die Anteile an Dunkler Materie und Dunkler Energie (siehe Abschnitt III. 1).

All diese Überlegungen ergeben auch im Hinblick auf das Verhältnis von Wasserstoff zu Helium im Kosmos, das man übrigens auch in sehr alten Sternen der ersten Generation antrifft, ein konsistentes Bild. Als sich Gamow und seine Mitarbeiter der Frage zuwendeten, wie es zu dem beobachteten Verhältnis von 73 % Wasserstoff und 25 % Helium im Weltall kommen konnte, stellten sie fest, dass die Temperatur des einstigen Feuerballs dazu in einem sehr engen Bereich liegen musste. Das eine Sekunde alte Universum musste demnach eine Temperatur von 10 Milliarden Grad aufweisen. Daraus folgte dann die von ihm berechnete heutige Temperatur von 5 Kelvin, die ja tatsächlich ganz in der Nähe des gemessenen Wertes liegt. Die heutige Temperatur der Hintergrundstrahlung und das Mischungsverhältnis von Wasserstoff und Helium passen also bestens zueinander, ja sie bedingen sich geradezu.

Doch warum beobachten wir ein insgesamt flaches Universum? Alle Beobachtungen über große Skalen deuten darauf hin, dass die mittlere Krümmung des Raumes nahe bei null liegt. Nach dem ursprünglichen Standardmodell sollte das Universum wegen der darin befindlichen Massen gekrümmt sein. Und warum sind Materie und Energie über weite Räume so gleichmäßig verteilt? Warum – anders gefragt – k ommt aus einer beliebigen Region des Himmels dieselbe Hintergrundstrahlung wie aus der ihr gegenüberliegenden? Wir schauen hier gleichsam in die Anfangsphase des Universums zurück, zu Materie, die sich damals mit annähernder Lichtgeschwindigkeit voneinander entfernte. Zwischen den beiden entgegengesetzt gelegenen Regionen kann also niemals Kontakt bestanden haben. Auch hierauf hatte das Standardmodell keine Antwort.

Die Lösung dafür ist in der Inflationstheorie enthalten (vgl. S. 75): Im frühesten Stadium war alles extrem nahe beieinander und hatte dieselben Eigenschaften. Durch die inflationäre Explosion wurde diese Materie über einen weiten Bereich verteilt. Warum sollten die verschiedenen Regionen nun unterschiedliche Eigenschaften aufweisen?

Die anfängliche Krümmung des Universums wurde ebenfalls ein «Opfer» der Inflation. Die starke Ausdehnung führte nämlich dazu, dass die Krümmung weitgehend zurückging und in dem von uns überblickbaren Raumbereich praktisch nicht mehr feststellbar ist. Das von uns überschaubare Universum stellt nämlich nur einen winzigen Ausschnitt aus der gewaltigen Weltallblase dar, die bei der Inflation entstand. Zur Veranschaulichung denke man an einen Luftballon: Solange dieser einen kleinen Durchmesser aufweist, ist seine Oberfläche stark gekrümmt. Wird er jedoch aufgeblasen, nähert sich seine Oberfläche in kleinen Bereichen immer mehr einer Ebene an.

III. Die großen Rätsel

Wir wissen zwar vieles, aber nicht alles. Das wird auch künftig so bleiben. Wissenschaft erinnert ein wenig an «Fünf waagerecht – Sternbild des Südhimmels mit neun Buchstaben». Jeder Rätselfreund kennt solche Fragen und weiß nach einiger Übung auch meist, wie man die Lösung schnell findet. Die Rätsel jedoch, von denen hier die Rede ist, sind anderer Art. Ihre Lösung ist dem naturwissenschaftlich ausgebildeten professionellen Wissenschaftler vorbehalten, der allerdings auch nicht von vornherein weiß, wie er im jeweiligen Fall vorzugehen hat. Forschungsrätsel bedürfen immer neuer Varianten ihrer Bewältigung. Allgemein gültige Rezepturen stehen nur in begrenztem Umfang zur Verfügung. Das große Buch der Natur ist in vielerlei Sprachen geschrieben. Die Paradoxie besteht darin, dass man es nicht lesen kann, ohne die Sprachen zu beherrschen, dass man sie aber nur kennen lernt, indem man darin liest.

1. Dunkle Materie und Dunkle Energie

Dunkle Materie

Schon in den dreißiger Jahren des 20. Jahrhunderts hatte sich der Astronom Fritz Zwicky mit der Frage beschäftigt, warum die einzelnen Sternsysteme in den Galaxienhaufen eigentlich zusammenbleiben und sich nicht im Laufe der Zeit längst zerstreut haben. Offensichtlich müssen die dort wirkenden Fliehkräfte und die Anziehungskräfte sich genau die Waage halten. Aus Geschwindigkeitsmessungen wollte Zwicky nun die erforderliche Gravitation berechnen und so die Massen der Galaxienhaufen bestimmen. Zu seiner großen Verblüffung stellte er jedoch fest, dass die Masse eines solchen Galaxienhaufens deutlich größer sein müsste als die Summe der sichtbaren Massen.

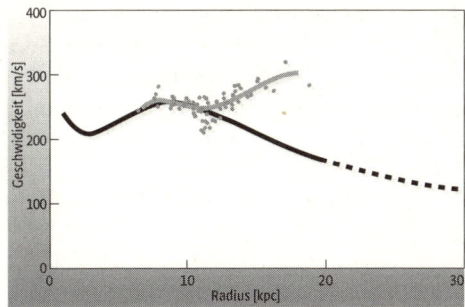

Abb. 24: Die Rotations-
kurve unserer Galaxis

Inzwischen haben sich die seinerzeit stark angezweifelten
Resultate von Zwicky längst bestätigt und zählen zu den gro-
ßen Rätseln des Universums, für die es noch keine Lösung gibt.
Die Existenz von *Dunkler Materie*, die sich durch keinerlei
Strahlung bemerkbar macht, sondern einzig aus ihrer Gravita-
tionswirkung abgeleitet werden kann, gilt als sicher. Auch das
Rotationsverhalten einzelner Galaxien, z.B. unseres eigenen
Sternsystems, verweist auf die Existenz dieser Dunklen Materie. Bestünde unsere Galaxis im Wesentlichen aus den Massen, die wir direkt beobachten können, so sollte sie nämlich ein
Rotationsverhalten entsprechend den Kepler'schen Gesetzen
zeigen: Die dem Zentrum näheren Bereiche rotieren schneller,
die äußeren langsamer, ganz so wie die Planeten in unserem
Sonnensystem. Die Rotationskurve unserer Galaxis (und anderer Galaxien) sieht aber anders aus: Zunächst verläuft sie in den
zentrumsnahen Gebieten erwartungsgemäß. Doch dann – in
größeren Distanzen – fehlt die abnehmende Geschwindigkeit.
Stattdessen bleibt sie zunächst konstant und steigt dann sogar
noch an. Die Geschwindigkeiten, mit denen sich die Objekte in
großen Distanzen um das Zentrum des Sternsystems bewegen,
müssten sie eigentlich wegen der daraus folgenden entsprechend
großen Fliehkräfte aus dem System schleudern, wenn sich innerhalb ihrer Bahnen nur die sichtbaren Massen befänden.
Auch dieser Befund deutet auf das Vorhandensein von Dunkler
Materie.

Erstaunlich ist der große Anteil dieser ominösen «Substanz», den man annehmen muss, um die Beobachtungsdaten zu erklären. In den Galaxienhaufen fällt er unterschiedlich aus, von «halbe-halbe» bis zum Hundertfachen der sichtbaren Materie. Im Allgemeinen geht man heute davon aus, dass die Dunkle Materie im Universum das Zehnfache der Masse der sichtbaren Materie umfasst.

Verständlicherweise hat sich dieses Problem der «Fehlenden Masse» zu einem der Hauptfelder moderner astrophysikalischer Forschung entwickelt. Man möchte wissen, worum es sich dabei handeln könnte.

Zunächst geht man natürlich von Objekten oder Teilchen aus, die man schon kennt, und versucht abzuschätzen, ob deren Verbreitung im Universum das Defizit erklären kann. Dabei denkt man an bereits erloschene Sterne, an Schwarze Löcher oder auch an «Braune Zwerge», eine Objektklasse, die zwischen Planeten und Fixsternen einzuordnen ist. Der Oberbegriff, der sich für all diese Objekte eingebürgert hat, heißt *Machos* (Massive Compact Halo Objects), weil man die Dunkle Materie in den die Galaxien großräumig und kugelförmig umgebenden Halos vermutet. Auch Planetoiden wurden als mögliche Machos in die Überlegungen mit einbezogen. Die genauere Untersuchung der in Frage kommenden Objekte ließ aber rasch die Hoffnung schwinden, auf diese Weise das Phänomen der Dunklen Materie erklären zu können. So bestehen beispielsweise Planetoiden aus so genannter baryonischer Materie, d. h. aus schweren Elementen wie Kohlenstoff, Silikaten, Eisen usw. Um die erforderlichen Mengen an solchen Elementen zu erzeugen, hätte es in den Galaxien während der Frühzeit des Universums zehnmal so viel Sterne geben müssen wie heute. Denn nur im Innern von Sternen können die schweren Elemente synthetisiert werden, die wir benötigen, um die erforderliche Zahl von Planetoiden zusammenzubekommen. Wir brauchen also nur in die Tiefen des Alls zu schauen, wo wir es mit jüngeren Galaxien zu tun haben. Doch diese leuchten nicht etwa heller als die älteren Galaxien. Fazit: Machos sind durchaus vorhanden, aber nicht in der nötigen Zahl, um den hohen Anteil an Dunkler Materie zu erklären.

Das Universum ist aber auch erfüllt von einer unvorstellbaren Menge an *Neutrinos*, die beim Urknall produziert wurden. Diese elektrisch neutralen Elementarteilchen zeigen kaum Wechselwirkungen mit Materie und sind deshalb schwer nachzuweisen. Sie sind erst im Jahre 1956 erstmals experimentell gefunden worden. Anfangs war man der Meinung, dass diese «Geisterteilchen» keine Ruhemasse besitzen und sich mit Lichtgeschwindigkeit fortbewegen. Inzwischen konnte jedoch festgestellt werden, dass sie eine sehr geringe Masse aufweisen. Diese ist aber bei weitem zu klein, um die Neutrinos als eine wesentliche Komponente der Dunklen Materie betrachten zu können. Außerdem handelt es sich bei den Neutrinos (wegen ihrer hohen Geschwindigkeiten) um *Heiße* Dunkle Materie (HDM = Hot Dark Matter). Die frühe Strukturbildung im Universum, die schon einsetzte, bevor die Atome entstanden waren, kann aber nur mit *Kalter* Dunkler Materie (CDM = Cold Dark Matter) erklärt werden.

Alle diese Ergebnisse führten zu einer gewissen Ratlosigkeit dem Phänomen der Dunklen Materie gegenüber und veranlassten manche Forscher zu phantasievollen theoretischen Überlegungen. Unter anderem wurde vorgeschlagen, das Newton'sche Bewegungsgesetz für kleine Beschleunigungen, wie sie etwa auf unser Sonnensystem im galaktischen Gravitationsfeld wirken, abzuändern. Dann könne man auf die Dunkle Materie völlig verzichten, und alle beobachteten Erscheinungen erklärten sich aus dieser «Modifizierten Newtonschen Dynamik» (MOND).

Elementarteilchenphysiker hingegen favorisierten zur Erklärung der Dunklen Materie völlig exotische Elementarteilchen, die bisher nie nachgewiesen werden konnten, von deren Existenz sie aber auf Grund theoretischer Überlegungen überzeugt sind. Eine Gruppe dieser hypothetischen Teilchen sind die *Axionen*. Auch sie haben nur eine sehr kleine Ruhemasse, könnten aber beim Urknall in unvorstellbaren Mengen entstanden sein. In jedem Kubikzentimeter des Raumes sollten sich nach diesen Überlegungen hundert Billionen Axionen befinden. Die Suche nach ihnen ist in verschiedenen Labors im Gange.

Ein anderes postuliertes Teilchen ist das *Wimp* (Weakly Interacting Massive Particle). Es handelt sich um Teilchen, die sehr massereich sind (bis zum Hundertfachen der Protonenmasse) und dennoch nur schwach wechselwirken. Für die Klumpungsprozesse im frühen Universum wären sie hervorragend geeignet, denn sie zählen zur Kalten Dunklen Materie. Auch der Nachweis der Wimps wird von verschiedenen Forschergruppen angestrebt.

Die Kandidatenliste der Theoretiker wird vervollständigt durch die ihrer Auffassung nach ebenfalls beim Urknall entstandenen *Strings*. Diese extrem dünnen «Fäden» (gleichsam Fehlstellen im dreidimensionalen Raum) sollen sich mit ihrer Länge von vielen Milliarden Lichtjahren durch das gesamte Universum ziehen. Ihr Durchmesser liegt zwanzig Zehnerpotenzen unter dem des Protons. Der Theorie nach führen gekrümmte Strings zu gewaltigen Gravitationsfeldern – genau jenen, für die wir die Dunkle Materie verantwortlich machen.

Dunkle Energie

In den letzten Jahren wurde eine weitere Entdeckung bekannt, die allen Erwartungen widersprach und die Forschung vor neue Herausforderungen stellte. Durch die Entwicklung der Beobachtungstechnik und den Einsatz des Hubble Space Telescope im Erdorbit wurde es möglich, die Expansion des Universums mit höherer Präzision zu studieren als jemals zuvor.

Eine Schlüsselrolle beim genauen Studium des Expansionsverhaltens spielen dabei die Supernovae des Typs Ia. Für sie gibt es einen Zusammenhang zwischen ihrer maximalen Helligkeit und der Form ihrer Lichtkurven, d. h. ihres Helligkeitsverlaufs. Damit können diese Supernovae als eine Art Standardkerzen betrachtet werden, die zur Bestimmung sehr großer Distanzen im Kosmos geeignet sind. Vor allem ihre große Maximumshelligkeit macht die Supernovae zu einem hervorragenden Hilfsmittel der Entfernungsmessung, weil sie dadurch bis in sehr große Entfernungen des Raumes wahrgenommen werden können. Um allerdings die absoluten Entfernungen der Systeme zu erhalten, in denen solche Supernovae aufleuchten, ist eine Eichung erforderlich. Es müssen also auf unabhängigem Wege die absoluten Helligkeiten der Supernovae während ihres Helligkeitsmaximums bestimmt werden. Das ist besonders durch den Einsatz des Hubble Space Telescope in jüngster Zeit gelungen. Somit konnte man nun die Beziehung zwischen der Expansionsgeschwindigkeit ferner Galaxien und ihren Entfernungen wesentlich genauer bestimmen als zuvor. Dabei zeigte sich zur größten Überraschung der Forscher, dass sich sehr weit entfernte Galaxien langsamer bewegen, als es nach dem Hubble-Gesetz zu erwarten wäre. Da wir aber beim Blick in große Distanzen auch stets in die tiefe Vergangenheit blicken, bedeutet dies, dass sich das Universum früher langsamer ausdehnte als heute. Die Expansion des Universums verläuft also beschleunigt, die Ausdehnung des Raumes erfolgt immer schneller und nicht – wie viele wegen der Gravitation der Massen des Universums erwartet hatten – immer langsamer. Genaue Analysen ließen sogar erkennen, dass diese Beschleunigung nicht von Anbeginn vorhanden gewesen ist, sondern erst eingesetzt hat, als das Universum bereits sechs Milliarden Jahre alt war.

Doch wie ist so etwas möglich? Demnach muss es auch heute noch ein «Etwas» im Universum geben, das es auseinander treibt und seit sechs Milliarden Jahren ständig wirkt. Eine Art «Antigravitation», die als *Dunkle Energie* bezeichnet wird. Berechnungen zeigen, dass der Dunklen Energie nach Einsteins Äquivalenzprinzip eine enorme Masse entspricht, so dass sich aus der Entdeckung der Dunklen Materie und der Dunklen Energie ein völlig neues Bild des Universums ergibt: Es besteht demnach nur zu rd. 4% aus «gewöhnlicher Materie», von der wiederum nur etwa 1/10 in Gestalt von Sternen, Gas und Staub auftritt. Den Rest bilden zu einem Drittel die Dunkle Materie und zu zwei Dritteln die Dunkle Energie. Doch indem man dem Kind einen Namen gibt, ist natürlich noch nichts gewonnen.

Als Einstein nach der Veröffentlichung seiner Allgemeinen Relativitätstheorie das erste kosmologische Modell entwarf (siehe S. 73), war er zu einem statischen Universum gekommen. Es hatte einen konstanten Durchmesser und füllte einen Kugelraum von endlichem Durchmesser aus. Um das Zusammenbrechen dieses Universums durch die Anziehungskraft seiner Massen zu verhindern, hatte Einstein in seine Gleichungen noch eine «abstoßende Kraft» eingefügt, die so genannte kosmologische Konstante Lambda. Mit der Entdeckung der Expansion ließ er diese jedoch wieder fallen.

Doch jetzt erlebt Lambda seine «Wiedergeburt», denn viele Wissenschaftler sind sich sicher: Die Dunkle Energie *ist* die kosmologische Konstante! Doch was könnte sich physikalisch dahinter verbergen?

Nach den Vorstellungen der Quantenfeldtheorie ist das gesamte Raum-Zeit-Kontinuum stets von Feldern erfüllt. Sie bilden – auch bei Abwesenheit von reeller Materie – einen Untergrund, der sich nicht eliminieren lässt, gleichsam einen «Grundzustand», das Vakuum. Da es den Weltraum homogen durchsetzt und bereits den niedrigsten Energiezustand darstellt, lässt sich dem Vakuum keine Energie mehr entziehen. Deshalb deuten zahlreiche Experten Einsteins kosmologische Konstante als einen Effekt dieser Vakuumenergie (siehe Abschnitt III.2).

Natürlich sind auch alternative Erklärungsmodelle für die beschleunigte Expansion im Gespräch. Um bei der Klärung dieser schwierigen Probleme weitere Fortschritte zu erzielen, wird es darauf ankommen, die beschleunigte Expansion in ihrem zeitlichen Verlauf noch genauer zu studieren, d. h., weiteres präzises Beobachtungsmaterial zu sammeln und in die theoretischen Diskussionen einzubeziehen.

2. Universum oder Universen?

Das Universum ist das Allumfassende, Größte, Ganze – per Definition. Deshalb erscheint der Plural von Universum paradox. Und dennoch wird in jüngster Zeit zunehmend über die mögliche Existenz von *Universen* diskutiert. Die begriffliche Einheit dieser Universen ist das *Multiversum*. Und wieder ist es die Quantentheorie, die uns zu dem Gedanken führt, die Entstehung «unseres» Weltalls sei gar kein einmaliger Vorgang gewesen.

Versagt schon unsere Anschauung, wenn wir uns die Bildung

von Universen vorzustellen versuchen, so können wir uns bei dem Gedanken beruhigen, dass «Anschaulichkeit» ohnehin nicht darüber entscheidet, ob etwas existiert oder nicht. Unser Vorstellungsvermögen ist nun einmal durch die Entwicklung unseres Gehirns unter den Verhältnissen der Umwelt geprägt, in der wir Menschen uns herausgebildet haben. Da fällt es uns schon schwer, uns die Bewegung der Erde um die Sonne vorzustellen – beobachten wir doch täglich das Umgekehrte: die Bewegung der Sonne um die Erde. Ganz zu schweigen von der Unmöglichkeit, dem «gesunden Menschenverstand» die widersinnig erscheinenden Aussagen der Relativitätstheorie begreiflich zu machen.

Nach den Erkenntnissen der Quantentheorie existiert bekanntlich nicht Nichts, mit anderen Worten: Es gibt kein absolutes Vakuum, das man sich in der klassischen Physik als den Inbegriff von Nichts vorstellte. Das Vakuum der Quantentheorie ist ein Zustand mit niedrigstem Energieniveau. Ein Nullniveau der Energiedichte kann es aber nicht geben. Nach der Heisenberg'schen Unschärferelation ist es unmöglich, den Impuls und den Ort eines Teilchens gleichzeitig exakt festzustellen, d. h. seine Gesamtenergie und Lebensdauer. Je genauer der Impuls bestimmt wird, desto «unschärfer» lässt sich der Ort festlegen, und umgekehrt.

Das Vakuum der Quantenphysik als Zustand niedrigster Energie ist nun ständig mit «virtuellen» Partikeln angefüllt, die sich spontan bilden und wieder verschwinden. Spontan bedeutet: ohne Ursache im Sinne der klassischen Physik. Dass solche «Geisterteilchen» tatsächlich existieren, folgt daraus, dass es verschiedene Erscheinungen gibt, die man in Labors beobachtet hat und die sich mit den «virtuellen» Teilchen bestens erklären lassen – so z. B. die spontane Bildung von realen Teilchen und deren Antiteilchen aus dem «Nichts» bei Vorhandensein extrem starker Schwerefelder oder elektrischer Felder.

Das Quantenvakuum ist also gekennzeichnet durch eine ständige Schwankung der Energiedichte zwischen positiven und negativen Werten. Wir sprechen von der *Quantenvakuumfluktuation*. Zu den völlig unanschaulichen «Verrücktheiten» dieses

Zustands zählt es, dass die Anzahl der Raumdimensionen unbestimmt ist und auch kein gerichteter Zeitablauf besteht. «Vorher», «Nachher» – alles sinnlose Begriffe. Offensichtlich hat die Quantenvakuumfluktuation aber die Eigenschaft, völlig zufällig einzelne Raumdimensionen expandieren zu lassen.

Aus einer solchen Fluktuation des Quantenvakuums ist unser Universum hervorgegangen, in dem drei Raumdimensionen und eine Zeitdimension expandieren. Nun fragt es sich allerdings, warum ein solcher Vorgang nur einmal abgelaufen sein sollte. Viel eher muss man annehmen, dass Universen ständig geboren werden. Allerdings sind sie nicht Bestandteil dessen, was wir das Weltall nennen. Sie befinden sich nicht in «unserem» Universum, und deshalb können wir sie auch grundsätzlich nicht beobachten. In diesen anderen Universen, die sicherlich auch eine andere Zahl von Dimensionen aufweisen als das unsere, gelten wohl auch andere Naturgesetze.

Nachdem wir bereits alles Erforderliche über die Unanschaulichkeit und Unvorstellbarkeit der Ergebnisse moderner Physik gesagt haben, kommen wir nun noch auf die Hypothese von den Paralleluniversen zu sprechen, die sich ebenfalls aus den Gesetzen der Quantenmechanik ergibt. Demnach spalten sich dauernd aus unserem Weltall andere Universen ab, die dem unseren ähneln, aber nicht vollkommen gleichen. Versuchen wir, die Gedankengänge, die zu dieser Hypothese führen, nachzuvollziehen: In der Quantenmechanik verwendet man eine von dem Physiker Erwin Schrödinger aufgestellte *Wellenfunktion*, um die Wahrscheinlichkeit zu berechnen, mit der ein bestimmtes Teilchen mit seinem Impuls an einem bestimmten Ort anzutreffen ist. Hierin kommt gleichsam mathematisch zum Ausdruck, dass die Aussagen der Quantenphysik Wahrscheinlichkeitscharakter tragen. Beobachten wir das entsprechende Teilchen, bricht die Wahrscheinlichkeitswelle zusammen. Erst die Beobachtung macht ein Teilchen real, der Beobachter ist also in das System eingebunden. Schrödinger selbst hat zur besseren Verständlichkeit dieser Tatsache ein Gedankenexperiment vorgeschlagen: Schrödingers Katze. In einem verschlossenen Kasten befinden sich eine lebendige Katze und ein radioaktives Präparat. Letzteres sendet mit einer Wahrscheinlichkeit von 50% binnen einer Stunde ein Alphateilchen aus. Dadurch wird ein Mechanismus ausgelöst, der einen Behälter mit Blausäure zerschlägt. Wenn dieser Fall eintritt, wird die Katze durch die Blausäure getötet. Ob jedoch das Alphateilchen ausgesendet wurde oder nicht und die Katze somit lebendig oder tot ist, kann erst entschieden werden, wenn ein Beobachter hinzutritt und den Kasten nach einer Stunde öffnet. Der Zustand der Katze ist im Sinne der klassischen Quantenmechanik *vor* der Beobachtung «lebendig–tot». Die Wahrscheinlichkeitswelle, die uns sagt, die Katze sei mit einer Wahrscheinlichkeit von 50% lebendig und mit einer ebensolchen von 50% tot, bricht im Moment der Beobachtung zusammen, und einer der beiden Zustände, lebendig *oder* tot, wird jetzt für den Beobachter wirklich.

In der modernen Interpretation der Quantenmechanik sind jedoch *alle* Quantenzustände real. Das Universum spaltet sich deshalb im Moment der Beobachtung der Katze in zwei Universen auf: In dem einen sieht der Beobachter eine lebendige Katze im Kasten, im zweiten Universum findet er eine tote Katze vor. Das bedeutet, auch Katze und Beobachter haben sich aufgespalten und befinden sich in den beiden Paralleluniversen, ohne voneinander zu wissen und miteinander in Kontakt treten zu können! Eine Konsequenz der Quantenphysik, die in den Bereich absurdester Science-Fiction zu gehören scheint.

Die Hypothese besagt also, dass es zahlreiche Paralleluniversen gibt, die unserer Wahrnehmung jedoch verborgen bleiben, und dass sich ständig neue solcher Universen von unserem abspalten. Um der Phantasie noch etwas Nahrung zu geben, sei übrigens erwähnt, dass wir in diesen Paralleluniversen alle unsere Doppelgänger haben, die allerdings mit uns selbst nicht *völlig* identisch sind.

3. Leben – ein universelles Phänomen?

Kehren wir von den phantastisch anmutenden Multiversen und Parallelwelten wieder in den von uns beobachtbaren Kosmos zurück, dieser bis heute ins Gigantische gewachsenen Raum-

Zeit-Blase, von der wir nur einen winzigen Ausschnitt wahrnehmen können.

Welche Rolle spielt das Leben im Kosmos? Ist dieses Phänomen Leben, wie wir es von unserem Planeten kennen, das Produkt eines einmaligen, höchst unwahrscheinlichen Zufalles? Oder stellt es eine normale Erscheinung im Weltall dar, das sich folglich nicht nur hier, sondern auch anderswo in den Tiefen des Kosmos auf Grund des Wirkens der Naturgesetze entwickelt hat? Zur näheren Untersuchung dieses Problemfeldes entwickelte sich eine neue Forschungsdisziplin, die unter dem Namen SETI (Search for Extraterrestrial Intelligence) bekannt geworden ist.

An Spekulationen über dieses Thema hatte es nie gefehlt. Schon in der Antike sahen phantasiebegabte Autoren etliche Himmelskörper bewohnt, obschon über die Natur dieser Objekte gar keine Kenntnisse vorlagen. Giordano Bruno, der große Renaissance-Philosoph, vertrat die Hypothese von der «Vielheit der Welten» (d.h., die Sterne seien Sonnen mit Planeten!) und meinte, all diese seien «bewohnt und bebaut von lebenden Wesen». Auch Immanuel Kant schrieb über die «Bewohner der Gestirne». Doch all dies waren mehr oder weniger phantastische Spekulationen, keineswegs wissenschaftlich begründete Erkenntnisse. Als der italienische Astronom Giovanni Schiaparelli anno 1877 auf dem Planeten Mars schnurgerade Linien entdeckte, war deren Deutung als «Kanäle», mit denen intelligente Marswesen die Wassermassen des Planeten verteilten, reine (journalistische) Mutmaßung.

Erst mit der Entwicklung der Radiotechnik im 20. Jahrhundert glaubte man ein sicheres Mittel in der Hand zu haben, die Frage nach extraterrestrischen Intelligenzen in den Bereich experimenteller Nachprüfung überführen zu können. Sollte es nicht einfach «Leben», sondern hoch entwickelte technische Zivilisationen im Universum geben, so würden diese gewiss auch über die Radiokommunikation verfügen. Man begann damit, Radiosignale in den Kosmos zu senden – in der Hoffnung auf Antwort. Andererseits wurden aber auch ausgeklügelte Suchprogramme nach Radiosignalen gestartet, die eindeutig künstlichen Ursprungs wären.

Beiträge lieferten auch die Biologen und Biochemiker. Sie versuchten zu berechnen, mit welcher Wahrscheinlichkeit und unter welchen Bedingungen sich Elemente zu organischen Molekülen zusammenfügen können. Doch der Wert solcher rein theoretischen Untersuchungen erschien bald eher fragwürdig. Die Forscher fanden nämlich auf Grund umfangreicher Computerberechnungen heraus, die Wahrscheinlichkeit sei so gering, dass es auf der Erde eigentlich gar kein Leben geben dürfte. Das stand nun aber in krassem Widerspruch zu den Tatsachen.

1961 diskutierten Wissenschaftler des US-amerikanischen Radioobservatoriums Green Bank über die Bedingungen für die Entstehung von Leben und schließlich auch von technischen Zivilisationen im All. Dabei entwickelten sie die viel zitierte «Green-Bank-Formel» zur Abschätzung der Anzahl von technischen Zivilisationen in unserem Milchstraßensystem. Doch einer der wichtigsten Faktoren in dieser Formel ist die «Lebensdauer einer Zivilisation». Und was weiß man darüber? – Praktisch nichts. Die Menschheit existiert (seit Beginn der Radiokommunikation) nur wenig mehr als ein Jahrhundert und muss heute erkennen, dass die Risiken für ihren Fortbestand erheblich sind: atomare Selbstzerstörung, Beseitigung der Lebensbedingungen durch selbst verursachte systematische Verschlechterung der Umweltbedingungen … Wer könnte mit Blick auf diese Gefahren die Lebensdauer unserer Existenz wissenschaftlich einigermaßen zuverlässig abschätzen?

Andere Faktoren der Formel allerdings können wir heute auf Grund neuerer Erkenntnisse besser bewerten: so z.B. die Häufigkeit des Vorkommens von Planeten bei anderen Sonnen. Wir dürfen schon jetzt (weitere Erkenntnisse kommen beinahe täglich hinzu) davon ausgehen, dass die Bildung von Planetensystemen ein weit verbreiteter, normaler Vorgang im Zusammenhang mit der Sternentstehung ist (siehe S. 43 ff.). Ebenso verrät uns das Vorkommen präbiotischer Moleküle selbst unter «lebensfeindlichen» Bedingungen im Raum zwischen den Sternen eine offensichtliche Präferenz des Evolutionsgeschehens (siehe S. 55 f.). Das alles stimmt in der Frage der Verbreitung von Leben im Universum optimistisch.

Doch der schlagende Beweis – jenseits aller Theorie und Spekulation – wäre nach wie vor der Empfang von künstlichen Radiosignalen aus dem Weltall.

Deshalb misst man dieser Frage, ungeachtet der bisher erfolg-
losen Suche, auch weiterhin große Bedeutung zu.

Gegenwärtig läuft das groß angelegte «Project Phoenix». Unter Einsatz des 300-m-Radioteleskops in Arecibo (Puerto Rico),
des 43-m-Radioteleskops von Green Bank (West Virginia, USA)
und des 64-m-Reflektors von Parkes (Australien) wird mit einer
höchst raffinierten Strategie nach Signalen künstlichen Ursprungs gesucht. Doch nicht ziellos. Zum einen nimmt das Projekt Phoenix rd. 1000 Sterne ins Visier, die unserer Sonne hinsichtlich ihrer Zustandsgrößen ähneln. Man geht davon aus,
dass sich unter den eventuell vorhandenen Planeten auch erd-
ähnliche befinden könnten, so dass eine erhöhte Wahrscheinlichkeit für eine vergleichbare biologische Evolution besteht.
Dank der heutigen Technologie und leistungsstarker Computer-
programme ist es möglich, in fast 30 Millionen extrem schmal-
bandigen Kanälen gleichzeitig zu suchen.

Doch neben dieser gezielten Suche (ausgesuchte Sterne) wird
auch noch eine globale Durchmusterung des gesamten Firmaments vorgenommen. Hier beschränkt man sich auf die Frequenzen des so genannten Wasserlochs, eines radiofrequenten
Bereichs zwischen 1 und 10 Gigahertz mit besonders geringer
Störanfälligkeit. Als Empfänger werden Satellitenbeobachtungs-
anlagen auf der Nord- und Südhalbkugel der Erde eingesetzt.
Leistungsfähige schnelle Rechner analysieren die Daten.

Wegen des hohen Datenanfalls und der damit verbundenen
enormen Auswertekapazität kamen die Väter des Projekts «Ber-
keley SETI» auf die Idee, die unübersehbar große Zahl von pri-
vaten Computern in die Datenanalyse einzubeziehen. Über einen speziellen Bildschirmschoner (SETI@home) kann sich jeder
Interessierte, dessen Computer mit dem Internet verbunden ist,
an den Auswertungen beteiligen. Der Bildschirmschoner, der
aus dem Netz heruntergeladen werden kann, stellt eine kompli-
zierte analytische Software dar, die immer dann arbeitet, wenn
der PC gerade nicht benutzt wird. Insgesamt nehmen bereits

einige Millionen PC-Nutzer in über 200 Ländern an dem Programm teil.

Hinweise auf intelligente Lebewesen im Universum hat man allerdings noch nicht gefunden. So bleibt die Frage nach der Verbreitung von hoch entwickeltem Leben im Kosmos bis auf weiteres eine Glaubenssache.

4. Die Zukunft des Universums – ein Horrorszenario?

Wir wissen heute im Großen und Ganzen über die bisherige Geschichte des Universums Bescheid und haben zumindest eine Ahnung davon, wie es zur Herausbildung der Raum-Zeit-Blase kommen konnte, in der wir uns befinden; doch können wir auch etwas über die Zukunft des Universums aussagen? Dabei interessiert uns weniger die unmittelbare Zukunft des Sonnensystems, von dem wir bereits wissen, dass unsere Sonne in einer noch sehr fernen Zeit die Erde verschlingen wird (siehe S. 13). Uns geht es vielmehr um das globale Schicksal des Universums.

Grundsätzlich wird die Zukunft des Universums von den kosmologischen Modellen eindeutig beschrieben. Doch das ist nur möglich, wenn alle Parameter bekannt sind. Daran mangelte es bisher, und daran mangelt es auch heute. Die früheren Überlegungen zur Zukunft des mit dem Urknall entstandenen Universums fragten stets nach der mittleren Dichte der Materie im Universum. Ist diese groß genug, muss schließlich die Expansion des Raums zum Stillstand kommen und in eine Implosion umschlagen. Der Raum würde mit der Zeit immer kleiner, die Abstände zwischen den Objekten des Raums ebenfalls. Mit der Zeit käme es zum Zusammenstürzen des Universums, bis wieder der Urzustand des heißen Feuerballs erreicht wäre. Der «Endknall», auch «Big Crunch» genannt, wäre unvermeidbar. Was dann geschähe, darüber gibt es verschiedene Spekulationen, u. a. auch die von einer anschließenden «Neugeburt» des Kosmos, was letztlich auf ein zyklisches Universum mit abwechselnden Expansions- und Implosionsphasen führen würde.

Über viele Jahre schien es so, als würde die mittlere Dichte recht genau dem Wert der so genannten *kritischen* Dichte entsprechen. Jede neue Erkenntnis über diesen Wert in Richtung kleinerer Dichte hätte zum ewigen Fortgang der Expansion geführt, jede neue Erkenntnis in Richtung größerer Dichte zum Zusammenfallen des Universums. Letzteres wurde immer wahrscheinlicher, nachdem die Dunkle Materie aufgespürt worden war.

Die Entdeckung der Dunklen Energie lässt nun das ganze Problem in einem neuen Licht erscheinen. Die einfachste Erklärung des Phänomens als eine abstoßende Komponente in Einsteins Gleichungen bedeutet nämlich, dass die Dunkle Energie stets und an allen Stellen gleich wirkt. Daraus folgt, dass die Expansion auch künftig weiter stattfindet – eine Umkehrung des Prozesses ist ausgeschlossen und damit auch der «Big Crunch».

Die Zukunft des Universums sähe unter diesen Umständen folgendermaßen aus:

Die Expansion bewirkt eine zunehmende Verdünnung des Universums, d.h., die Abstände von Galaxienhaufen zu Galaxienhaufen werden immer größer. Die Mitglieder dieser Haufen jedoch werden durch ihre Kollisionen nach etwa einer Billion Jahren zu gigantischen Galaxien angewachsen sein. Der einst so rasant ablaufende Prozess der Bildung neuer Sterne kommt allmählich zum Erliegen, denn mittlerweile ist der gesamte Wasserstoff aufgebraucht – es fehlt an Rohstoff für neue Sterne. Selbst die langlebigsten Objekte unter den Sternen hauchen nun allmählich ihr Leben aus. Das wird nach 10 Billionen Jahren der Fall sein. Existierten dann noch menschliche Lebewesen, sie würden am Firmament nichts mehr leuchten sehen. Doch bis zu dieser Zeit ist der ins Gigantische angewachsene Raum von langwelliger Strahlung erfüllt. Die nicht ganz erkalteten Objekte des Weltalls strahlen nämlich im Bereich der Wärme- und Radiostrahlung – auf «Abruf» allerdings. Denn nach 100 Billionen Jahren verschwinden auch die energieärmsten Photonen aus dem Weltall. Alles, was einst leuchtende Sterne und Sternsysteme gebildet hatte, ist jetzt in Schwarzen Zwergen (das sind erkaltete Weiße Zwerge), Neutronensternen oder Schwarzen Löchern vereinigt. Die Temperatur ist gegenüber dem heutigen

Zustand von rd. 3 Kelvin auf 1 Kelvin gesunken – ein Grad über dem absoluten Nullpunkt.

Modellrechnungen zeigen jedoch, dass immer noch etwas geschieht. Wegen der unvorstellbaren Zeiträume, mit denen wir es jetzt zu tun haben, ereignen sich auch Vorgänge, die im heutigen Universum außerordentlich selten sind: der nahe Vorübergang von (erkalteten) Sterne an anderen (erkalteten). Dabei entreißen sich die dunklen Objekte gegenseitig ihre Planeten und schleudern sie in die Einsamkeit des Universums hinaus. Auch den Galaxien werden ganze Heerscharen von Sternen entrissen, während der Rest in das massive Schwarze Loch im Zentrum des jeweiligen Sternsystems stürzt. So verschwinden bis zu einem Zeitpunkt von etwa zehn Trillionen Jahren die Sternsysteme. Was bleibt, sind Schwarze Löcher extrem großer Masse, die durch gelegentlich auftauchende tote Sterne oder Planeten langsam noch massereicher werden. In diesem unwirtlichen Kosmos – wir schreiben inzwischen das Jahr 100 Trillionen – kann auch noch einmal hie und da ein großes Aufleuchten stattfinden, etwa wenn zwei Schwarze Zwerge aufeinander prallen oder ein Neutronenstern mit einem Schwarzen Zwerg kollidiert.

Die Gravitationswellen, nach denen wir gegenwärtig mit den raffiniertesten Nachweismethoden suchen, werden in den extrem langen Zeiten in der Zukunft des verödenden Universums eine nicht zu unterschätzende Rolle spielen. Die Aussendung von Gravitationswellen durch alle beschleunigten Objekte des Weltalls entzieht ihnen nämlich Energie. In kurzen Zeiträumen unmerklich, hat dieser Energieverlust in langen Zeiträumen Konsequenzen: Planeten stürzen in ihre Sonnen, Mehrfachsterne verschmelzen miteinander, Galaxienkerne verschlucken alle noch vorhandenen toten Sterne. Das Weltall ist jetzt – nach zehn Quadrillionen Jahren – ohne Licht.

Sollte es zutreffen, dass ein Teil der Dunklen Materie aus den Wimps besteht (siehe S. 87 f.), sollten diese jetzt von den Schwarzen Zwergen ihrer räumlichen Umgebung aufgesogen werden. Die dabei entstehenden Wechselwirkungen mit den Elektronen der erkalteten Zwergsterne können diese Objekte noch einmal aufheizen. Ein letztes Mal beginnen diese Sterne dann zu strahlen, wenn auch nur mit einer Temperatur von 64 Kelvin. Danach kühlen sie völlig aus.

Nach nochmals einhundert Quintillionen Jahren beginnt die Materie selbst zu sterben. Nach den gegenwärtigen Vorstellungen zerfallen in sehr langen Zeiträumen selbst Protonen. Das hat zur Folge, dass alle toten Sterne sich auflösen, alle Materie ihre Existenz beendet. Lediglich die Schwarzen Löcher sind noch vorhanden – aber nicht etwa ewig! Sie verlieren angesichts der langen Zeiträume, mit denen wir es jetzt zu tun haben, immer mehr ihrer Bausteine. Haben sie zuvor vor allem Materie aufgesogen, bietet sich jetzt kaum noch Gelegenheit dazu. Durch die fortgeschrittene Expansion des Universums treffen wir nur noch in Abständen von Hunderttausenden von Lichtjahren auf ein einzelnes Elementarteilchen, das den Masseverlust, den die Schwarzen Löcher erleiden, nicht mehr wettmachen kann. Sie beginnen allmählich zu «verdampfen», und zwar umso eher, je weniger Masse sie in sich vereinigen. Die gigantischen Gebilde aus den Kernen der einstigen Galaxien, die längst keine mehr sind, verschwinden in gewaltigen Explosionen erst nach rd. 10^{100} Jahren.

Inzwischen ist eine unvorstellbar lange Zeit vergangen: etwa das 10^{90}fache des heutigen Weltalters. Was bleibt, ist ein extrem dünnes Gemisch aus Photonen, Neutrinos, Elektronen und Positronen. Wegen der enormen Abstände der Teilchen untereinander ereignet sich fast nichts mehr. Es mag sich hin und wieder ein Elektron ein Positron «einfangen», und beide umkreisen sich dann in Abständen von einigen zigtausend Lichtjahren. Da die beiden Teilchen einen Dipol bilden, strahlen sie Energie in Form von Photonen ab. Dies wiederum hat zur Folge, dass sie sich letztlich spiralenförmig aufeinander zu bewegen und sich bei ihrer schließlichen Begegnung vollständig in Energie umwandeln. Wir haben es nun mit einem Universum zu tun, in dem sich außer Neutrinos und Photonen nichts mehr befindet. Der ins Unermessliche angewachsene Raum hat die Energie auch dieser letzten Bestandteile des Weltalls immer weiter verringert und ihre Konzentration so ausgedünnt, dass sich in einem Volumen von etlichen Milliarden Lichtjahren Durchmesser nur noch ein einziges Photon oder Neutrino antreffen lässt. Es naht die zeitlose Ewigkeit.

Doch wie sicher sind diese Prognosen? Sie treffen natürlich nur zu, wenn die Expansion tatsächlich für alle Zeiten andauert. Doch aus der frühen Geschichte des Universums wissen wir, dass dergleichen nicht unbedingt geschehen muss. Denken wir an die kurze inflationäre Phase der Entwicklung des Universums: Diese brach so plötzlich ab, wie sie eingesetzt hatte, und danach verlief die Expansion wieder erheblich langsamer. So könnte auch die gegenwärtig beobachtete Beschleunigung des Universums zeitabhängig sein. Um darüber genauere Aussagen machen zu können, müssen wir die Stärke der Dunklen Energie noch viel genauer bestimmen, als dies gegenwärtig der Fall ist. Deshalb werden die Untersuchungen ferner Supernovae auch mit großer Konsequenz fortgesetzt. Weltweit laufen zurzeit mehrere Projekte, die diesem Ziel dienen, so etwa das «High-Z Supernova Search Team», das «Supernova Cosmology Project», das «Supernova Legacy Survey» und andere.

Einmal mehr zeigt es sich, dass wir noch immer nicht ausreichend konkretes Wissen zur Verfügung haben, um die letzten großen Rätsel des Universums zu lösen. Und sollte es uns eines Tages gelingen, tauchen sehr wahrscheinlich neue unverstandene Probleme auf.

5. Auf der Suche nach der Weltformel

Die Überzeugung, dass sich alles Geschehen in der Welt letztlich auf eine einzige, alles verbindende «Weltformel» zurückführen ließe, ist nicht neu. Allgemeine Grundprinzipien, nach denen die Welt angeblich eingerichtet sei, finden sich schon in der Antike, z. B. bei den Pythagoräern. Damals – wie auch in späteren Jahrhunderten – war es der Gedanke der Harmonie, der allem zu Grunde liegen sollte. Und oft in der Geschichte haben solche «Glaubenssätze» auch Wirkung gezeigt: als eine Art Leitmotiv oder – wie wir heute sagen würden – als heuristisches Prinzip. Auch Giordano Bruno, der große Feuerkopf der Renaissance, war von der Auffassung beseelt, dass es eine Einheit geben müsse, die der Vielfalt zu Grunde liege: «Nur eine Sache ist es, die alle Sachen definiert, nur eines ist der Glanz der Schönheit in allen Dingen, nur einer ist der helle Blitz aus der Vielheit der Gattungen.» Eine zweifellos besonders poetische Formulierung für den Glauben an ein «Weltprinzip».

Heute ist alles komplizierter. Wir wissen ungleich mehr über das, «was die Welt im Innersten zusammenhält». Doch das Streben nach Vereinheitlichung hat deswegen nicht aufgehört. Albert Einstein verbrachte nach seinen großen wissenschaftlichen Erfolgen Jahrzehnte seines Lebens mit der Suche nach einer Art «Weltformel», mit der alle physikalischen Felder einschließlich des Gravitationsfeldes einheitlich beschrieben werden konnten. Die Suche nach einer solchen «Grand Unified Theory» wurde bald zu einem allgemeinen Programm der theoretischen Physiker. Einsteins Ansatz jedoch, den er um 1950 gefunden zu haben glaubte, wurde von den meisten Physikern nicht akzeptiert. Kurz vor seinem Tod gestand Einstein selbst in einem Brief an Max von Laue: «Wenn ich in den Grübeleien eines langen Lebens etwas gelernt habe, so ist es dies, dass wir von einer tieferen Einsicht in die elementaren Vorgänge viel weiter entfernt sind, als die meisten Zeitgenossen glauben.»

Die Suche nach der «Weltformel» aber ist auch heute ein beherrschendes Thema an der Front der Forschung. Vor allem die vier grundlegenden Wechselwirkungen, die alles Geschehen in der Welt des Größten und Kleinsten bestimmen, will man auf eine einzige Ursache zurückführen. Dabei werden die Forscher von der Tatsache beflügelt, dass ihnen dies mit dreien der Grundkräfte bereits gelungen ist. Elektromagnetismus sowie die schwachen und die starken Kernkräfte sind bereits in einer einheitlichen Quantenfeldtheorie dargestellt. Hingegen ist es bisher nicht gelungen, auch die Gravitation mit einzubeziehen. Da jedoch die allgemeine Massenanziehung die weitreichendste aller Wechselwirkungen ist und die Relativitätstheorie eine der beiden Säulen der modernen Physik, ist dieser Zustand höchst unbefriedigend.

Um zu verstehen, vor welchen Problemen die Physiker hier stehen, blicken wir zunächst auf den Elektromagnetismus. Ein

Elektron als Quelle eines elektrischen Feldes kann man sich als Materiepunkt in der Mitte des Feldes vorstellen. Kommt ein anderes Elektron in seine Nähe, so stoßen sich die beiden Elektronen ab. Das vorhandene Feld «spürt» gleichsam das Herannahen des anderen Elektrons. Durch das Feld läuft so etwas wie eine Botschaft, die auf die beiden Teilchen eine Wirkung ausübt, nämlich die Abstoßung. In der klassischen Feldtheorie werden diese Botschaften durch elektromagnetische Wellen übertragen. In der Quantentheorie hingegen kann jede Störung des Feldes nur in Portionen übertragen werden. Dennoch muss die Botschaft, die die Abstoßung vermittelt, mit dem Austausch solcher Energieportionen, d. h. Photonen, verbunden sein. Diese geisterhaften «Botenphotonen» werden als «virtuelle Teilchen» bezeichnet, weil sie experimentell nicht nachgewiesen werden können. Doch die mathematische Darstellung gestattet Prognosen über Dinge, die sehr wohl beobachtet werden können, so etwa der mittlere Streuwinkel beim Aufeinandertreffen von zwei Elektronenstrahlen. Somit war die Quantenelektrodynamik als ein Erfolg zu verbuchen.

Der Gedanke, die Wechselwirkungen durch Botenteilchen zu erklären, ist mit Erfolg auch auf die Kernkräfte übertragen worden. Bei der schwachen Kernkraft werden sie als W- und Z-Bosonen bezeichnet, bei der starken Kernkraft sind gar acht Botenteilchen, die so genannten Gluonen, im Spiel. Dieser Erfolg weist darauf hin, dass möglicherweise alle drei Kräfte gemeinsam und einheitlich beschrieben werden können, d. h. als eine einzige «große vereinheitlichte Kraft». Solche Theorien bestehen bereits, sind aber experimentell noch nicht bewiesen.

Doch was ist mit der Gravitation? Will man die vereinheitlichte Theorie wirklich aller Kräfte, also die einer «Superkraft», aufstellen, darf die Gravitation nicht fehlen. Nach allen Erkenntnissen der Quantentheorie sollten auch Gravitationswellen mit Quanten zusammenhängen. Diese noch ganz hypothetischen Teilchen werden als Gravitonen bezeichnet. Sie sollten sich zwar – wie die Photonen – mit Lichtgeschwindigkeit ausbreiten, aber ansonsten doch von den Photonen recht verschieden sein. Der Hauptunterschied ist ihre schwache Wechselwirkung mit Materie. Außerdem wirken sie untereinander stark, was wiederum die Photonen nicht tun. Gravitonen werden an anderen Gravitonen gestreut, Photonen nicht.

Es gibt also offenbar bemerkenswerte Unterschiede zwischen den Gravitonen und den Photonen, und diese Unterschiede haben letztlich dazu geführt, dass es bisher noch nicht gelungen ist, eine wirkliche Vereinheitlichung aller vier Grundkräfte des Universums zustande zu bringen.

Zu erwarten ist Folgendes: Nicht nur die vier verschiedenen Grundkräfte sind letztlich identisch, auch die verschiedenen Arten von Materie sind es! Eine große vereinheitlichende Kraft würde dann von Botenteilchen getragen, die etwa das eine Million Mal Milliardenfache der Masse eines Protons haben. Da die Lebensdauer virtueller Teilchen sich umgekehrt proportional zu ihrer Masse verhält, könnten solche Teilchen nur eine extrem kurze Zeit existieren. Auch ihre Reichweite wäre entsprechend kurz. Es besteht nicht mal eine sehr große Wahrscheinlichkeit, dass ein solches X-Teilchen auf ein Quark trifft. Geschieht jedoch das Unwahrscheinliche, und das X-Teilchen erreicht eines der drei Quarks, aus denen ein Proton besteht, so sind die Konsequenzen enorm: Zwei Quarks verwandeln sich in ein Antiquark und ein Positron. Das Positron wird hinauskatapultiert, und das Antiquark bildet zusammen mit dem dritten Quark im Proton ein so genanntes Pion. Das Proton selbst ist also nicht mehr vorhanden. Allerdings geschieht dies extrem selten. Das Proton (bisher stets als stabiles Teilchen betrachtet) würde erst in 10^{32} Jahren zerfallen. Das ist zugleich der Test für die Richtigkeit dieser Variante der Großen vereinheitlichten Theorien. Seit Jahren versucht man, den Zerfall von Protonen nachzuweisen, was bisher jedoch noch nicht gelungen ist. Das allgemeine Empfinden der Physiker, es gebe eine Einheit in unserem Universum, hat in den letzten Jahrzehnten stark zugenommen. Doch passen die beiden Worte «Empfindung» und «Physik» überhaupt zusammen?

Zuletzt wird das Experiment darüber entscheiden müssen, ob unsere «Empfindungen» uns in der richtigen Richtung suchen ließen. Dem darf man mit Spannung entgegensehen.

Anhang

Literatur

Über das Universum gibt es eine Fülle von Literatur, die hier auch nicht annähernd lückenlos aufgeführt werden könnte. Bei der Suche nach speziellen Werken zu ausgewählten Themen empfiehlt sich natürlich das Internet. Die nachfolgenden Hinweise sind deshalb lediglich eine kleine Auswahl aktueller Titel, mit denen der Leser die in dem vorliegenden Band dargestellten Einzelheiten nach Wunsch ergänzen und vertiefen kann. Besonders berücksichtigt sind die anderen themenbezogenen Titel aus der Reihe «Beck Wissen». In diesen Büchern findet man außerdem weitere Literaturhinweise.

Blome, H.-J., H. Zaun, Der Urknall, München 2004
Brockhaus: Astronomie, Planeten, Sterne, Galaxien, Mannheim/Leipzig 2006
Bührke, T., Sternstunden der Astronomie, München 2001
Burkert, A., R. Kippenhahn, Die Milchstraße, München 1996
Davies, P., J. Gribbin, Auf dem Weg zur Weltformel, München 1995
Goenner, H., Einsteins Relativitätstheorien, 5. Auflage, München 2005
Hahn, H.-M., Unser Sonnensystem, Stuttgart 2004
Herrmann, D. B., Antimaterie, 2. Auflage, München 2004
Herrmann, D. B., Die Milchstraße, Stuttgart 2003
Herrmann, D. B., Die Kosmos-Himmelskunde, Stuttgart 2005
Keller, H.-U., Astrowissen, Stuttgart 2000
Kippenhahn, R., Kosmologie für die Westentasche, München/Zürich 2003
Mainzer, K., Materie, München 1996
Mattig, W., Die Sonne, München 1995
Möhlmann, D., Kometen, München 1997
Rees, M., Vor dem Anfang. Eine Geschichte des Universums, Frankfurt a. M. 2001
Unsöld, A., B. Baschek, Der neue Kosmos, Heidelberg u. a. [7]2002

Abbildungsnachweis

Abb. 1:   Archiv Dieter B. Herrmann

Abb. 2:   Archiv Dieter B. Herrmann

Abb. 3:   NASA Jet Propulsion Laboratory (NASA/JPL-Caltech)

Abb. 4:   NASA Jet Propulsion Laboratory (NASA/JPL-Caltech)

Abb. 5:   NASA Headquarters – Greatest Images of NASA (NASA-HQ-GRIN)

Abb. 6:   NASA, ESA, The Hubble Heritage Team (STScI/AURA), J. Bell (Cornell University) and Mr. Wolff (Space Science Institute)

Abb. 7:   NASA, ESA, and E. Karkoschka (University of Arizona)

Abb. 8:   NASA, ESA, and E. Karkoschka (University of Arizona)

Abb. 9:   NASA, ESA, and E. Karkoschka (University of Arizona)

Abb. 10:   NASA Jet Propulsion Laboratory (NASA/JPL-Caltech)

Abb. 11:   ESA/ESO

Abb. 12:   Ben Zellner (Georgia Southern University), Peter Thomas (Cornell University), and NASA

Abb. 13:   NASA Jet Propulsion Laboratory (NASA/JPL-Caltech)

Abb. 14:   NASA, NOAO, NSF, T. Rector (University of Alaska Anchorage), Z. Levay and L. Frattare (Space Telescope Science Institute)

Abb. 15:   NASA/JPL-Caltech/UMD

Abb. 16:   Entnommen aus: Dieter B. Herrmann: Die Milchstraße. Mit freundlicher Genehmigung des Kosmos Verlags, Stuttgart © 2003

Abb. 17:   NASA, ESA and AURA/Caltech

Abb. 18:   The Hubble Heritage Team (AURA/STScI/NASA)

Abb. 19:   NASA GSFC

Abb. 20:   NASA, ESA, and The Hubble Heritage Team (STScI/AURA)

Abb. 21:   © 2002 R. Gendler, Photo by R. Gendler

Abb. 22:   NASA Jet Propulsion Laboratory (NASA/JPL-Caltech)

Abb. 23:   Hans-Friedger Lachmann; Hubble Space Telescope

Abb. 24:   Entnommen aus: Dieter B. Herrmann: Die Milchstraße. Mit freundlicher Genehmigung des Kosmos Verlags, Stuttgart © 2003

Register

C.H.BECK ■ WISSEN

in der Beck'schen Reihe

Zuletzt erschienen: